Physikalische Eigenschaften der Jute.

Physikalische Eigenschaften der Jute.

Mittheilungen

von

E. Pfuhl,

Professor der mechanischen Technologie am baltischen Polytechnikum zu Riga,
ehemal. Fabrik-Ingenieur.

Mit 5 Textfiguren und 4 Figurentafeln.

Springer-Verlag

Berlin Heidelberg GmbH

1888.

Additional material to this book can be downloaded from http://extras.springer.com.

ISBN 978-3-642-50446-4   ISBN 978-3-642-50755-7 (eBook)
DOI 10.1007/ 978-3-642-50755-7

Sonderabdruck aus der Festschrift der polytechnischen Schule zu Riga zur Feier ihres XXV jährigen Bestehens.

Softcover reprint of the hardcover 1st edition 1988

Vorwort.

Bei der Verarbeitung der Spinnstoffe treten oft eigenthümliche Erscheinungen auf, die ihre Erklärung nur in genauer Kenntniss der histologischen, physikalischen und chemischen Eigenschaften derselben finden. Diese können niemals lediglich durch Empirie, sondern nur durch das wissenschaftliche Experiment unter Anwendung geeigneter Instrumente, Apparate und Ingredienzien festgestellt werden.

Ein Spinnstoff aus dem Pflanzenreiche, der bisher, trotzdem er bereits in enormen Quantitäten in Europa verarbeitet wird, noch nicht genügend untersucht wurde, ist die Jute.

Die folgenden Mittheilungen bezwecken nun einerseits Aufschluss über einige wichtigere physikalische Eigenschaften derselben, anderseits aber eine Darstellung der, allgemeinere Anwendbarkeit besitzenden, nicht wissenschaftlichen Kreisen kaum bekannten Untersuchungsmethoden, zu geben.

Es war zugleich mein Bemühen, die Ergebnisse, soweit dies, ohne auf die Verarbeitung des Spinnstoffes eingehen zu müssen, möglich war, sofort der Praxis dienstbar zu machen und diesbezüglich Vorschläge zu formuliren.

Inwiefern sich die Ergebnisse bei der Verarbeitung des Rohstoffes selbst berücksichtigen lassen, soll in einer sich mit derselben befassenden besonderen Arbeit — neben den anderen Eigenschaften — erörtert werden.

Riga, September 1887.

Inhalts-Verzeichniss.

Inhalts-Verzeichniss.

Seite

Physikalische Eigenschaften der Jute.

Mittheilungen

von

E. Pfuhl,

Professor der mechanischen Technologie am baltischen Polytechnikum zu Riga
ehem. Fabrik-Ingenieur.

Mit 5 Textfiguren und 4 Figurentafeln.

Einleitung.

Die Bearbeitung der II. Auflage meiner Mittheilungen über die Jute [1]) erforderte genauere Feststellung der physikalischen Eigenschaften dieses interessanten Spinnstoffes und der aus demselben hergestellten Fabrikate, da die bis jetzt hierüber bekannt gewordenen Resultate nicht als genügend angesehen werden konnten.

Ich fand bei meinen Untersuchungen entsprechende Hilfe durch Herrn Ingenieur Hentschell, Assistent für mechanische Technologie am hiesigen Polytechnikum, der die specielle Durchführung der hygroskopischen Untersuchungen nach gemeinsam besprochenem Plane übernommen hatte.

Der zahlreichen Versuche wegen, welche ausgeführt wurden, dürften die Resultate nunmehr als genügend zutreffend angesehen werden können.

Um nun meine grössere Arbeit nicht durch die Beschreibung der Versuche selbst zu beschweren und zu unterbrechen, schien es am zweckmässigsten, in jene nur die Resultate und die sich daran knüpfenden Folgerungen aufzunehmen, dagegen in einer besonderen Zusammenstellung erstere mit allen zur Berechnung gezogenen Diagrammen zu geben. — Das letztere schien mir erforderlich, um einerseits die Controle der Resultate und andererseits noch weiter gehende, sich anschliessende Arbeiten zu ermöglichen.

Dies die Entstehungsursache der folgenden Arbeit, welche des nicht länger aufschiebbaren Abschlusses wegen in einem gewissen Stadium abgebrochen werden musste, daher auf Vollständigkeit

---

[1]) Man vergleiche: Pfuhl, Die Jute und ihre Verarbeitung. 1878. Cotta, Stuttgart, deren II. Auflage erscheinen wird: bei Julius Springer, Berlin und N. Kymmel, Riga; sowie die ohne mein Vorwissen erfolgte Uebertragung in's Russische: „Джутъ и его обработка, часть I“ (по Пфулю), составилъ П. Волковъ. С.-Петербургъ 1879.

keinen Anspruch erheben kann, sondern nur eine kleine Lücke aus-
zufüllen beabsichtigt.

Den Untersuchungen vorausgeschickt sind allgemeine Betrachtungen, die dem Technologen zwar nichts Neues bringen, welche
ich aber des allgemeineren Verständnisses wegen nicht glaubte ent-
behren zu können. — Man möge dies in jenen Kreisen freundlichst
letzterem Zwecke zu Gute halten.[2])

Allgemeine Betrachtungen.

Zu den wichtigeren physikalischen Eigenschaften eines Spinnstoffes, von denen seine Verwendbarkeit abhängt, gehört seine
Hygroskopicität, sein specifisches Gewicht, die Festigkeit
und Dehnbarkeit.

Die Untersuchung der Jute und Jutefabrikate auf diese Eigenschaften bildet nun den Gegenstand der folgenden Mittheilungen.

Wir verstehen unter **Hygroskopicität** eines Faserstoffes seine
Fähigkeit, je nach dem Feuchtigkeitszustande der Luft mehr oder
weniger Wasser rascher oder langsamer aufzunehmen oder abzugeben, also sein Gewicht zu verändern. Wenn der Faserstoff
nun, wie dies z. B. meine früheren Versuche (Seite 17 des erwähnten
Buches) beziehentlich der Jute feststellten, im Stande ist, sehr
wechselnde Mengen an Wasser aufzunehmen, so muss sowohl bei
der Verarbeitung desselben, wie beim Verkaufe der Fabrikate auf
diesen Umstand Rücksicht genommen werden.

Um dies aber gebührend zu können, ist es erforderlich, das
Gesetz zu kennen, nach welchem in Bezug auf Quantität und Zeit
die Aufnahme oder Abgabe des Wassers je nach der Ursache, also
dem grösseren oder geringeren Gehalte an Feuchtigkeit in der Luft,
stattfindet. Während nun die quantitative Wasserermittlung keinen
erheblichen Schwierigkeiten unterliegt und mit genügender Genauigkeit mittels einfachster Apparate durchgeführt werden kann, bietet
die Feststellung des Gesetzes: innerhalb welcher Zeit sich die
Wasser-Aufnahme oder -Abgabe vollzieht, wegen der Vielseitigkeit
der möglichen Fälle, mehr Schwierigkeiten und ist nur durch sehr
zahlreiche und verschiedenartige Versuche zu erledigen.

Die Lösung der letzteren Aufgabe ist durch die hiesigen Versuche noch nicht vollständig gelungen. Der verschiedene Wasser-

---

[2]) Man vergleiche ähnliche Untersuchungen anderer Faserstoffe der
Herren: Prof. Dr. Hartig in Dingler's polyt. Journal, Bd. 233, Seite 191 und
Civil-Ingenieur 1884, sowie Papierzeitung 1882, Seite 598 u. s. f., ferner von
Docent Ernst Müller und Th. Wilh. Schmidt, Augsburg im Civil-Ingenieur
1880, 1882.

gehalt der Faser und der aus ihr erzeugten Fabrikate, beeinflusst also zunächst das Gewicht derselben. Es ist daher beispielsweise ein und dasselbe Garn bei verschiedener Luftfeuchtigkeit verschieden schwer. Andererseits liegt aber die Möglichkeit vor, dass der wechselnde Wassergehalt der Faser vom Einfluss auf die anderen Eigenschaften derselben, und zwar insbesondere der Festigkeit und Dehnbarkeit ist.

Es ist deshalb nothwendig, den etwaigen nach dieser Richtung hin gehenden Einfluss zu untersuchen.

Wir verstehen unter **Festigkeit** den Widerstand, den die Faser oder das faserige Gebilde dem Zerreissen entgegensetzt. Ein Mass für die Festigkeit kann nun nicht wie bei starren Körpern dadurch gewonnen werden, dass man dieselbe, d. h. die Kraft, welche erforderlich war, das Gebilde zu zerreissen, auf die Querschnittseinheit bezieht, weil wegen der lockeren Beschaffenheit und der Zusammendrückbarkeit derselben, Querschnittsmessungen überhaupt keine brauchbaren Resultate ergeben können. Es wird deshalb für alle faserigen Gebilde anstatt der Festigkeit, bezogen auf die Querschnittseinheit, die **Reisslänge** eingeführt, d. h. diejenige Länge, welche das Gebilde haben müsste, um durch sein eigenes Gewicht zu zerreissen.

Die Garne werden durch Zusammendrehen aus den Fasern durch den Spinnprozess hergestellt. Infolge dieses Zusammendrehens kommen die Fasern aus ihrer ursprünglich mit der Längenrichtung mehr oder weniger zusammenfallenden Lage in eine schraubengangförmige, verkürzen sich und werden aneinander gedrückt. Die auf diese Weise hervorgerufene Reibung der einzelnen Fasern aneinander bedingt zunächst den Widerstand, den ein Garn — in der Längsrichtung in Anspruch genommen — dem Zerreissen entgegensetzt — wenn auch die Festigkeit des Fasermaterials grösser als jener ist.

Die schärfste Drehung, welche man einem Garne geben kann, hängt von der Elastizitätsgrenze des Materials ab; wird diese bei zu scharfer Drehung, also zu starker Anspannung der einzelnen Fasern, überschritten, so wird dasselbe spröde und weniger haltbar. Die grösste zulässige Drehung wäre also diejenige, bei welcher die einzelnen Fasern so fest aufeinander gepresst werden, dass die entstehende Reibung bei der Inanspruchnahme auf Zerreissen einen ebenso grossen Widerstand entgegensetzt, als die Festigkeit des Fasermaterials selbst. Oder mit anderen Worten, dass in demselben Momente, in welchem bei einer immer stärker werdenden Anspannung die Fasern aneinander zu gleiten beginnen, das Material selbst zerreisst.

Es ist aber aus anderen Gründen nicht möglich durch Zusammendrehen von Fasern diese grösste Festigkeit der Garne zu erreichen und zwar um so weniger, je dicker ein Garnfaden ist, wegen der ungleichen Spannung, welche in den einzelnen Schichten — von aussen nach innen abnehmend, auftreten.

Auch andere, rein praktische Gründe, auf die wir hier nicht eingehen wollen, lassen es wünschenswerth erscheinen, mit der Drehung der Garne nur soweit als gerade nothwendig ist, zu gehen, wenn auch alsdann die Festigkeit derselben noch nicht ihr Maximum erreicht hat. Nur die Garnsorte ferner, welche im Gewebe in der Längsrichtung liegt und Kettengarn oder Warp-Garn heisst, bedingt eine grössere Festigkeit, während das im Gewebe normal hierzu liegende Garn, das Schuss- oder Weft-Garn, überhaupt so lose als möglich gedreht wird, um ein dicker erscheinendes Gebilde zu erhalten, das die Zwischenräume im Gewebe möglichst füllt, dasselbe möglichst dicht erscheinen lässt.

Wir sehen aus dem Angeführten zunächst die Abhängigkeit der Festigkeit eines Garnes von der Drehung desselben. Es ist deshalb jedesmal erforderlich, diese zu messen resp. zu berücksichtigen. Anderseits ist es, um ein Urtheil darüber zu gewinnen, welche grösste Festigkeit im günstigsten Falle ein Garn haben kann, nothwendig, die Festigkeit des Fasermaterials selbst zu bestimmen.

Die Drehung der Garne, d. i. die Anzahl der schraubengang-förmigen Windungen auf der Längeneinheit, wird nun stets mit der Garnnummer in Beziehung gebracht; — andererseits bedarf man derselben zur Bestimmung der Reisslänge.

Es sind im Allgemeinen zwei Numerirungsmethoden in Gebrauch, auf die wir hier nur oberflächlich eingehen, welche aber in erschöpfende gegenseitige Beziehung gebracht sind in der II. Auflage meines im Anfange erwähnten Buches, auf welches ich deshalb verweise.

Nach der einen bezeichnet die Nummer die Anzahl der Längeneinheiten, welche eine Gewichtseinheit wiegen. Wir wollen diese Nummer mit: „Längennummer“ bezeichnen.

Nach der anderen Methode wird die Nummer ausgedrückt durch die Anzahl der Gewichtseinheiten, welche eine bestimmte Fadenlänge wiegt. Diese Nummer nennen wir: „Gewichts-nummer“. Es geht hieraus zunächst hervor, dass die höhere Längennummer ein feineres Garn, die höhere Gewichtsnummer ein gröberes Garn angiebt.

In der Jute-Industrie sind nun beide Numerirungssysteme im Gebrauch und zwar:

    a. Das englische System oder die Längennumerirung,
        bei welchem die Nummer bestimmt wird durch die Anzahl

der Gebinde oder leas à 300 Yards, welche auf 1 Pfund engl. gehen und

b. das schottische System oder die Gewichtsnumerirung, bei welchem die Nummer durch die Zahl der engl. Pfunde bestimmt wird, welche 1 Spyndel von 14400 Yards wiegt. Es ist nun üblich die erstere Nummer mit lea Nummer, die zweite mit Pfundnummer (lbs) zu bezeichnen. Auch wir wollen diese Bezeichnung beibehalten und also schreiben:

die engl. oder Längennummer mit N^{lea} und

die schottische oder Gewichtsnummer mit N^{lbs}.

Die internationale Längennummer nun, welche auf metrischem Mass und Gewicht beruht und in wissenschaftlichen Kreisen ausschliesslich im Gebrauch ist — aber auch in der Praxis sich hie und da einzubürgern beginnt — wird ausgedrückt durch die Anzahl der Meter, welche 1 Gramm wiegen. Wir wollen diese Nummer künftig mit Meter-Nummer bezeichnen und schreiben N^{mt}.

Die Beziehungen der einzelnen Nummern zu einander ergeben sich aus folgender kleiner Uebersicht:

Längennummern		Gewichts-nummer
N^{mt}	N^{lea}	N^{lbs}
1	1,653575	29,028
0,60475	1	48
29,028	48	1

Unter Berücksichtigung, dass ferner stets sein muss:

$$\frac{N^{mt}}{N^{lea}} = 0,60475 \quad \text{und} \quad \frac{N^{lea}}{N^{mt}} = 1,653575$$

ferner

$$N^{mt} \times N^{lbs} = 29,028 \quad \text{und} \quad N^{lea} \times N^{lbs} = 48$$

ist die Reduction der einen Nummer in eine andere leicht auszuführen.

Die Anzahl der Drehungen D eines Garnes auf der Längeneinheit drückt sich nun bekanntlich für die Längennummer durch

$D = \alpha \sqrt{N}$ und für die Gewichtsnummer durch $D = \dfrac{\alpha_0}{\sqrt{N_0}}$ aus. Für die metrische Nummer und den Centimeter ergeben sich folgende Grenzwerte:

$$\text{für Jutegarne} \begin{cases} \text{Schuss: } D = 0,62 \text{ bis } 0,82\sqrt{N^{mt}} \\ \text{Halbkette: } D = 0,86 \text{ bis } 1,06\sqrt{N^{mt}} \\ \text{Kette: } D = 1,12 \text{ bis } 1,5\sqrt{N^{mt}} \end{cases}$$

Bei Berechnung der Reisslänge bedient man sich nun am besten der Meter-Nummer unter Zugrundelegung von metrischem Mass und Gewicht.

Ist nämlich p das Zerreissgewicht, d. h. die Anspannung eines Gebildes in Kilogr. im Augenblicke des Zerreissens, so handelt es sich also darum, diejenige Länge desselben zu bestimmen, welche dasselbe Gewicht zeigt; d. i. dann die Reisslänge, welche wir mit R bezeichnen wollen. Nach dem metrischen System bezeichnet aber die Nummer N^{mt} die Anzahl der Meter, welche 1 Gramm wiegen, mithin müssen $1000\ N^{mt} = 1000\,g = 1\,{}^{k}$ wiegen. Zur Erfüllung des Gewichtes von p^{k} gehören also $1000\ N^{mt} \times p$ Meter, d. i. aber die Reisslänge in Meter, also: $R^{m} = 1000\ N^{mt} \times p$ und, wenn R in Kilometern, wie dies üblich ist, ausgedrückt wird; so folgt:

$$R^{km} = N^{mt} \times p,$$

d. h. also, um die Reisslänge eines Gebildes in Kilometern zu erhalten, hat man die Reissbelastung in Kilogrammen mit der metrischen Nummer desselben zu multipliciren.

Wiegen nun 1^{meter} eines Gebildes g^{gramm}, so wird die metrische Nummer gefunden durch $N^{mt} = \dfrac{1^{m}}{g^{g}}$

Da alle Gebilde mehr oder weniger dehnbar sind, so wird bei deren Inanspruchnahme auf Zerreissen zunächst eine Verlängerung derselben eintreten. Innerhalb der Elasticitätsgrenze geht dieselbe wieder zurück, sobald die Belastung aufhört. Ist dieselbe aber in Folge stärkerer Belastung überschritten, so wird die Verlängerung eine bleibende. Die grösste Verlängerung oder Dehnung ist im Augenblicke des Bruches (des Zerreissens) vorhanden; man nennt dieselbe **Bruchdehnung** und drückt sie in Procenten der Anfangslänge aus. Wir bezeichnen sie fernerhin mit δ. Sie ist also im Allgemeinen ein Mass für die Dehnbarkeit eines Gebildes überhaupt.

Den Begriff der Reisslänge und Bruchdehnung vereinigt man nach Prof. Dr. Hartig in dem **Arbeitsmodul** und versteht unter demselben denjenigen Arbeitsaufwand in Meter Kilogr., welcher erforderlich ist, um 1 Gramm der Substanz zu zerreissen.

Trägt man nämlich auf einer Horizontalen von einem Punkte a_0 aus die Dehnungen auf, welche ein Gebilde bei einer immer stärker werdenden Anspannung erleidet, bis das Zerreissen erfolgt, und zwar aus bestimmten sich später ergebenden Gründen hier gleich so, dass die jedesmalige Zunahme der Streckung gleich gross ist; so erhält man die gleich weit unter einander abstehenden Punkte a_1 a_2 a_3 . . . . . a_8; die Strecke a_0 $a_8 = p_8$ o ist die Bruchdehnung in Masseinheiten z. B. in mm und erscheint dieselbe bei dem eingeschlagenen Verfahren in 8 gleich grosse Theile getheilt. — Werden nun in den Punkten a_0 a_1 a_2 . . . . . a_8 Normalen auf der Horizontalen errichtet und auf diesen in einem beliebigen aber stets gleichen Masstabe die Belastungen aufgetragen, welche die entsprechenden Dehnungen hervorbrachten, so erhält man die Belastungsendpunkte p_0 p_1 p_2 p_3 . . . . . p_8. — Da nun bei der Dehnung a_0 a_8 der Bruch, das Zerreissen, erfolgen soll; so ist die Belastung a_8 $p_8 = p$ die Bruchbelastung. — Verbindet man jetzt die Belastungsendpunkte durch eine continuirliche Kurve, so stellt dieselbe die Beziehungen zwischen Belastung und Dehnung in jedem einzelnen Momente dar.

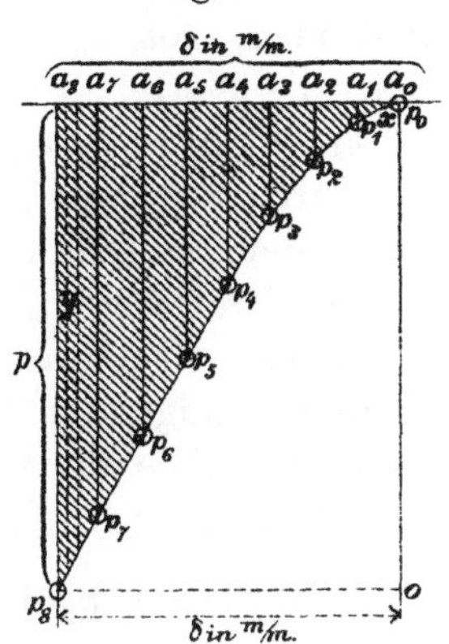

Die Fläche, welche von den Coordinaten a_0 a_8 und a_8 p_8 einerseits und der Kurve p_0 p_1 p_2 . . . . p_8 anderseits begrenzt ist, und welche durch Schraffirung besonders hervorgehoben wurde, giebt ein Mass für die mechanische Arbeit, welche bis zum Zerreissen des Gebildes aufgewendet wurde. — Bezieht man nun die Zerreissarbeit auf 1 Gramm der Substanz, so nennt man dieselbe den Arbeitsmodul, den wir mit A fernerhin bezeichnen wollen.

Zur Berechnung der mechanischen Arbeit, welche im allgemeinen durch das Product: Kraft mal Weg —, wenn die Wegrichtung mit der Kraftrichtung zusammenfällt — bestimmt wird, sucht man zunächst aus den sämmtlichen bis zum Bruche hin zu nehmenden Kräften den mittleren Wert, oder mit anderen Worten: man ersetzt die erwähnte Arbeitsfläche durch ein Rechteck von der Basis δ in mm und einer solchen Höhe, dass der Inhalt beider Flächen gleich gross ist. — Die Arbeit ist dann durch den Inhalt des Rechteckes — der jetzt leicht zu ermitteln ist — gegeben.

Um die mittlere Kraft p_m zu bestimmen, welche also die veränderliche ersetzen soll, theilt man die Dehnungsstrecke, wenn das Arbeitsdiagramm gegeben ist, in gerade gleiche Theile; wir haben dies bei der Anlage unseres Diagramms bereits gethan, indem wir 8 Theile wählten. — In den Theilpunkten errichtet man die Normalen und verlängert diese bis die Kraftkurve geschnitten wird. — Jetzt misst man, von a_0 aus beginnend, die ersten 7 Kraftordinaten und addirt die Werte. Ferner werden die Kraftordinaten x u. y, errichtet auf $1/4$ der Strecke $a_0\,a_1$ und $3/4$ der Strecke $a_7\,a_8$ gemessen, addirt und durch 2 dividirt. Der zuletzt erhaltene Wert wird der Summe der 7 anderen Ordinaten zugezählt und nunmehr ergiebt sich der mittlere Kraftwert p_m durch Division mit 8.

Dieses Verfahren ist bei der Berechnung der später zur Vorführung gelangenden Diagramme, da es mit genügender Genauigkeit rasch zum Ziele führt, angewendet worden.

Es wird also der mittlere Kraftwert gefunden aus

$$p_m = \frac{a_1\,p_1 + a_2\,p_2 + a_3\,p_3 + a_4\,p_4 + a_5\,p_5 + a_6\,p_6 + a_7\,p_7 + \dfrac{x + y}{2}}{8}$$

Nehmen wir für ein Beispiel zur Messung der Kraftintensitäten 1 Kilog. = 1 mm an, so ergeben sich folgende Werte nach dem vorigen Diagramm:

$$p_m = \frac{1{,}8 + 5 + 9{,}8 + 15{,}2 + 21{,}5 + 27{,}6 + 34{,}5 + \dfrac{0{,}4 + 38{,}8}{2}}{8}$$

$$= \frac{115{,}4 + 19{,}6}{8} = \frac{135{,}0}{8} = 16{,}87 \text{ Kilo.}$$

Ein Rechteck also, von der Basis δ in mm und p_m als Höhe, hat denselben Inhalt wie die schraffirte Arbeitsfläche. Jetzt kann die Zerreissarbeit sofort festgestellt werden.

Für das Beispiel ist $\delta = 28{,}4\ {}^{mm}$ und $p_m = 16{,}87\ {}^{k}$ also der Inhalt oder, die Arbeitsgrösse: $28{,}4 \times 16{,}87 = 479{,}11\ {}^{mmk}$.

Für 1 Faden von 1 Meter Länge ist die Zerreissarbeit nun im allgemeinen: $\mathfrak{A} = p_m \dfrac{\delta \times 10}{1000}$ in meter Kilogr, wenn δ in Prozenten der ursprünglichen in mm gegebenen Länge eingesetzt wird.

Wenn der Faden die metrische Nummer N^{mt} hat, so wiegt 1 Meter desselben: $\dfrac{1}{N^{mt}}$ Gramm.

Die Arbeit für das Zerreissen der Gewichtseinheit, also der Arbeitsmodul ist daher:

$$A = \frac{\mathfrak{A}}{\dfrac{1}{N^{mt}}} = \mathfrak{A}\,N^{mt} = N^{mt}\,p_m\,\frac{\delta}{100}$$

Wie wir aber aus der Formel für die Reisslänge entnehmen, ist $N^{mt} = \dfrac{R}{p}$, daher auch:

$$A = \frac{p_m}{p} \times \frac{R^{km} \times \delta\,{}^{0/0}}{100} \text{ Mtrkilogr.}$$

Das Verhältniss der mittleren Kraft zur Bruchbelastung setzt man $\frac{P_m}{p} = \eta$ und erhält also allgemein:

$$A = \eta \times \frac{R^{mt} \times \delta\ \%}{100}\ \text{Mtrkilogr.}$$

Wenn die Dehnungen vom Beginn der Belastung bis zum Bruche direct proportional derselben wären, dann würde die Kraftlinie $p_0\ p_1\ p_2$ bis p_8 eine gerade Linie und $\eta = \frac{P_m}{p} = 0{,}5$ sein (η kann auch grösser als 0,5 sein, ein Fall, der bei Jutegarnen nicht vorkommt.) Bei faserigen Gebilden ist häufig im Anfange der Belastung die Dehnung nicht proportional derselben sondern, grösser, nimmt mit steigender Belastung etwas ab und ist erst später derselben proportional.

Diesen allgemeinen Charakter zeigen z. B. die Diagramme für Jutegarne, auf welche wir später noch näher zu sprechen kommen werden.

Man kann auch sagen, da die Basis δ dieselbe bleibt, dass das Verhältniss $\eta = \frac{P_m}{p}$ das der Arbeitsfläche zum Rechteck von der Basis δ in mm und der Höhe p; also von $a_0\ a_8\ p_8\ 0$ ist und nennt es darum auch Völligkeitsgrad. Damit dies aber zutrifft, muss die Ausmessung des Diagrammes nach einem empirisch festgestellten Massstabe erfolgen.

Bei den Apparaten zum Zerreissen werden nämlich in der Regel entweder Zug- oder Druckfedern zum Belasten genommen. Man zieht sie auseinander oder drückt sie zusammen und überträgt die in Folge dessen wachsende Spannung auf das zu zerreissende Gebilde, bis dessen Bruch erfolgt. — Die Längenänderungen der Feder geben nun ein Mass für die jeweilig vorhandene Belastung. Selbstverständlich müssen diese empirisch vorher festgestellt, es muss der Kraftmassstab ermittelt werden.

Nun lehrt aber die Erfahrung, dass die Federn wohl selten den Belastungen genau proportionale Längenänderungen zeigen.

Auch bei den Festigkeitsapparaten, welche zu den Jutegarnprüfungen verwendet wurden, ist dieses nicht der Fall. — Es wachsen die Längenänderungen der Federn zunächst in einem viel stärkeren Verhältnisse als die Belastung bis zu einem bestimmten Punkte, erst dann tritt annähernd Proportionalität ein. Die Diagramme, welche man daher mit Hülfe von Federn und insbesondere der noch näher zu beschreibenden Apparate erhält, zeigen eine Kraftlinie, welche zur Beurtheilung des Verhältnisses zwischen Kraft und Dehnung durchaus nicht ohne weiteres herangezogen werden kann. — Wohl erhält man zuverlässig richtig neben der Dehnung, wenn man beim Ausmessen der Kraftordinaten sich eines empirisch ermittelten Massstabes bedient, welcher genau die wechselnden Längenänderungen der Feder zum Ausdruck bringt, sowohl die Bruchbelastung als auch das Verhältniss $\eta = \frac{P_m}{p}$. — Dieses letztere muss aber stets etwas grösser ausfallen, als es im Diagramm zur Darstellung kommt, mit anderen Worten: der wirkliche Völligkeitsgrad ist grösser als der scheinbare.

Soll die Kraftlinie das wirkliche Bild des Verhältnisses zwischen Anspannung und Dehnung und des Völligkeitsgrades geben, so muss das Diagramm umgezeichnet werden. — Man verfährt in der Weise, dass nach Eintheilung des Diagrammes zunächst ein proportionaler Massstab angefertigt wird, indem man etwa das Mass für die grösste Belastung als Grundlage nimmt, z. B. dasjenige für 6 Kilogramm und dieses nun in gleiche Unterabtheilungen theilt. — Man misst nun die Kraftordinaten mit dem empirischen Massstabe, nimmt denselben Wert auf dem Massstabe mit gleichen Unterabtheilungen und überträgt dieses Mass auf die betreffende Ordinate. Wenn man in dieser Weise fortfährt, erhält man neue Kraftordinatenendpunkte, welche mit einer Kurve zu verbinden sind. — Aus dieser erst kann der wirkliche Zusammenhang zwischen Dehnung und Belastung auch ersehen werden. Man erkennt auch sofort, dass der Völligkeitsgrad in Wirklichkeit grösser ist, sich also mehr dem Werte 0,5 nähern muss, als es den Anschein hat.

Der erwähnte Uebelstand, welcher bei der Benutzung von Federn auftritt, und der sich, — wenigstens nach meinen Versuchen — nicht vollständig beseitigen lässt, ist übrigens nicht so erheblich störend, dass man überhaupt auf die Benutzung von Federn bei solchen Untersuchungen verzichten müsste, wenn man sich nur desselben bewusst bleibt. — Man muss sich also zum Ausmessen der Kraftordinaten stets eines sorgfältig durch Versuche ermittelten Massstabes und nicht etwa eines solchen bedienen, bei welchem die in verschiedener Grösse auftretenden Masseinheiten ausgeglichen sind; — dann erhält man durchaus richtige Resultate.

Das Ermitteln des Völligkeitsgrades etwa mit Hülfe des Planimeters, muss nach dem vorhin Erwähnten stets zu kleine, also falsche Resultate ergeben, darf daher nicht zur Anwendung kommen.

Um nun zu ersehen, welchen Einfluss der erwähnte Umstand auf die Gestalt der Kraftkurven hat, welche auf den hier zur Anwendung gelangten Apparaten erhalten wurden, wollen wir zunächst die empirisch ermittelten Massstäbe für dieselben näher betrachten. — Es wurde ein Hartig-Reusch'scher Zerreissapparat, hergestellt von Leuner in Dresden, für die dünneren Garne angewendet. Derselbe überträgt die Belastung an die Objecte durch eine Zugfeder. Ich bezeichne für die Folge diesen Apparat mit Nr. 1.

Dem Apparate 1 sind 3 verschieden starke Federn beigegeben. Der zweite Apparat, welcher für dickere Garne und Zwirne zur Verwendung kam, ist von mir mit graphischer Vorrichtung versehen worden und stammt der ursprünglichen Anordnung nach von Professor Hoyer her. Bei diesem Apparat kommt eine Druckfeder zur Anwendung. Die Masstäbe, welche zum Ausmessen der Diagramm-ordinaten dienten, wurden vor, während und nach den Versuchen controlirt und richtig befunden. Es sind die folgenden:

Fig. 2.   **Für Apparat Nr. 1** (Zugfedern).

Fig. 2ᵃ·   Massstab für Feder № 1.

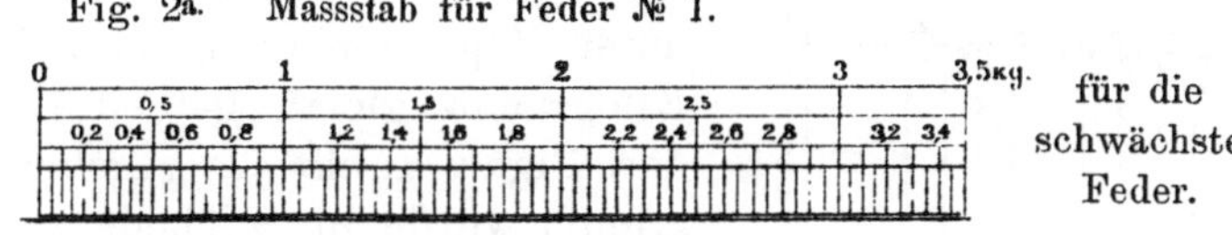

für die schwächste Feder.

Fig. 2ᵇ·   Massstab für Feder № 2.

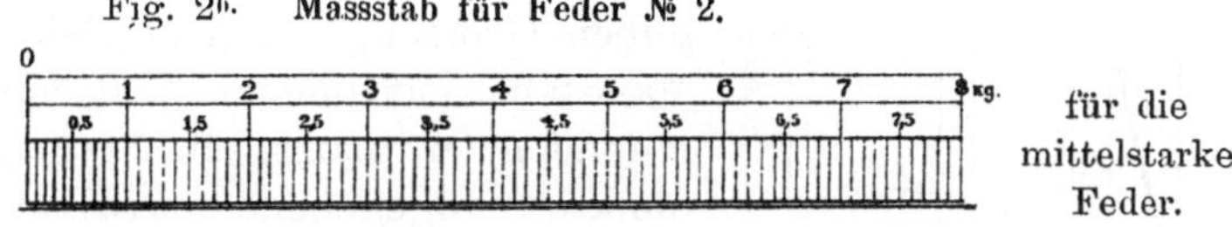

für die mittelstarke Feder.

Fig. 2ᶜ·   Massstab für Feder № 3.

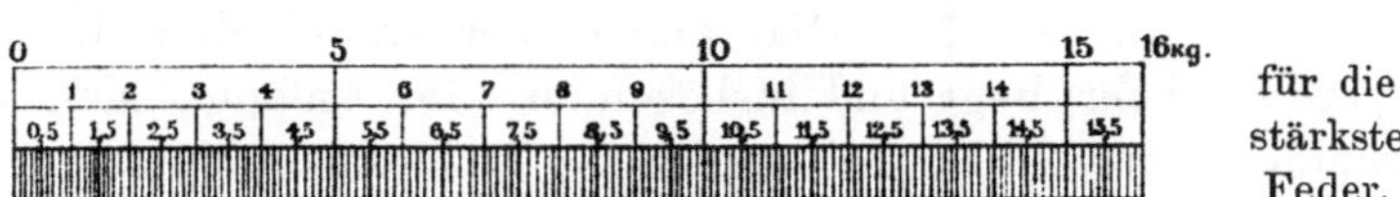

für die stärkste Feder.

Für Apparat Nr. 2 (Druckfeder).

Fig. 3.

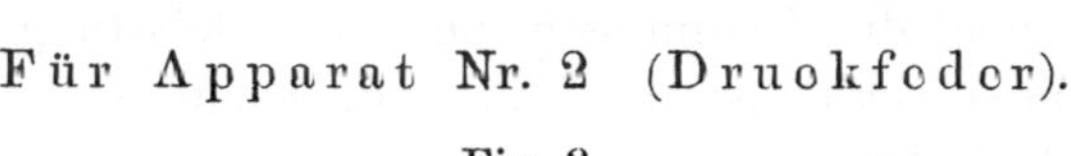

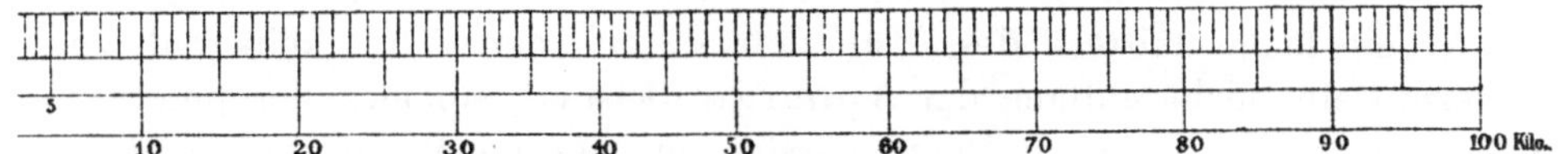

Sehen wir uns nun beispielsweise den Massstab für Feder Nr. 2 zu Apparat Nr. 1 für die ganzen Kilogramme an: Es ergiebt sich, dass ein Kilogramm Federbelastung einem Ausschlage des Zeichen-stiftes von 7,7 ᵐᵐ entspricht. Eine weitere Belastung der Feder mit noch einem Kilogramm sollte einem Ausschlage des Zeichen-stiftes von 2 × 7,7 = 15,4 ᵐᵐ entsprechen; in Wirklichkeit beträgt derselbe aber 17,1 ᵐᵐ. Bis zu einer Belastung von 4 Kilogr. nimmt das Verhältniss zu; alsdann wieder ab und bleibt von da ab nahezu gleich für jedes weitere Kilogr. Belastung.

Welchen Einfluss nun dieser nicht zu beseitigende Umstand aber auf die Gestalt der Kraftlinien hat, mag — um diesen Punkt

für die Folge als erledigt ansehen zu können — an einem Diagramme
gezeigt werden, welches mittels jener Feder auf Apparat 1 erhalten
wurde. Wir wählen aus der später vorgeführten Versuchsreihe 9
von Tafel V^c Diagramm Nr. 23.

Die Copie dieses Diagrammes zeigt die folgende Figur. Der

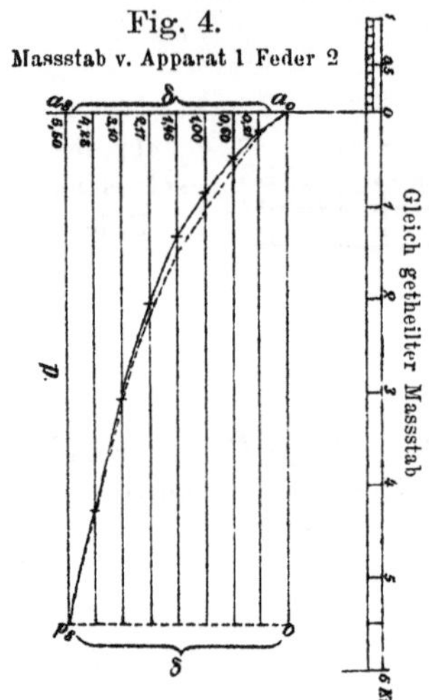

empirische Massstab ist der umstehende
in Fig. 2^b gegebene. Der nach jenem
unter Zugrundelegung des Masses für 6
Kilogramm gleich getheilte Massstab, ist
der Figur direkt beigegeben. Das Diagramm wurde in 8 Theile zerlegt und die
Werte für die Kraftordinaten nach dem
empirischen Massstabe eingeschrieben. Dieselben Grössen, von dem gleich getheilten
Massstabe entnommen und auf die zuge-
hörenden Ordinaten übertragen, giebt die
punktirt angegebene wirkliche Gestalt
der Kraftkurve.

Es geht hieraus hervor — und das
wollen wir uns mit Bezug auf alle übrigen
Diagramme merken —, dass die wirkliche
Kraftkurve tiefer liegt und insbesondere im Anfange sich mehr der
Diagonale nähert. Es heisst dieses mit anderen Worten: zu derselben Dehnung sind in Wirklichkeit, besonders im Anfange, grössere
Belastungen erforderlich als die Apparatenkurve zur Darstellung
bringt, und stehen die Dehnungen zu den Belastungen in mehr
proportionalerem Verhältniss, als es nach dem Kurvenbilde des Apparates den Anschein hat.

Man erkennt jetzt auch deutlich, dass die Ausmessung der
Arbeitsfläche mittels des Planimeters, um den Völligkeitsgrad zu
ermitteln, nicht entlang der Apparatenkurve, sondern der punktirt
gezeichneten Kurve erfolgen müsste um richtige Werte zu erhalten.
Der Weg der Ausmessung mit dem Zirkel, unter Anwendung des
empirischen Massstabes, ist also beizubehalten, um auch den Völligkeitsgrad richtig zu erhalten.

Es möge hier endlich noch auf die Beziehung hingewiesen
werden, welche zwischem dem Bruchmodul k, d. h. also dem Zer-
reissgewichte pro Querschnittseinheit (hier 1 ^{qmm}), der Reisslänge R
in Kilom. und dem specifischen Gewicht s der Substanz besteht,
und welche zum Ausdruck kommt in der Formel:

$$R \times s = k;$$

d. h. also: Die Reisslänge in Kilometern, multiplicirt mit dem specifischen Gewichte der Substanz, giebt das Zerreissgewicht für die Querschnittseinheit — den Bruchmodul. —

Mittels dieser Formel ist man jetzt im Stande die Festigkeit faseriger Gebilde, ausgedrückt in Reisslängen, in Vergleich zu bringen mit den bekannten Bruchmodulen starrer Körper.

Spezieller Theil.

Hygroskopische Untersuchungen.

Es ist bekannt, dass faserige Substanzen ihren hygroskopischen Wassergehalt hauptsächlich nach dem relativen Wassergehalt der Luft und nicht nach dem absoluten regeln. Die Temperatur kann also im Allgemeinen ausser Betracht gelassen werden.[3]

Um zu untersuchen in wieweit diese Annahme auch auf die Jute etwa Anwendung finden dürfte, wurde — ich komme alsbald auf das „wie" zu sprechen — in einem grösseren Glasgefässe eine bestimmte Luftfeuchtigkeit längere Zeit bei einer mittleren Temperatur von 15° Celsius unterhalten bis volle Sättigung der in dem Gefässe sich befindenden Jutefabrikate eingetreten war, d. h. bis keine weitere Gewichtszunahme derselben eintrat. Alsdann wurde derselbe Glaskasten in ein Digestorium gebracht, in welchem man durch Anzünden einer Reihe Gasflammen eine Temperatur von 32° Celsius fast constant unterhalten konnte. Ferner wurde dafür gesorgt, dass die Luft in dem Glaskasten jetzt mehr Wasser aufnehmen und sich auf denselben relativen Gehalt einstellen konnte, den sie bei 15° Celsius hatte. Nachdem die Proben unter diesen Verhältnissen mehrere Tage gestanden hatten und nur so minimale Gewichtsänderungen constatirt werden konnten, wie dieselben niemals für praktische Verhältnisse in Betracht kommen können, wurde es als auch für Jute erwiesen angesehen, dass nur der relative Feuchtigkeitsgehalt der Luft — (gemessen z. B. für die in der Praxis vorkommenden Fälle genügend genau durch ein

---

[3] Wir verstehen unter absoluter Feuchtigkeit die Menge des in der Luft enthaltenen Wasserdampfes, am besten ausgedrückt in Grammen pro 1 Cubikmeter. — Die grösste Menge Wasserdampf, welche bei einer bestimmten Temperatur ein Cubikmeter Luft (bei vollkommener Sättigung also) enthalten kann, beträgt:

bei t^0 Cels. = -10^0 -5^0 0^0 $+5^0$ 10^0 15^0 20^0 25^0 30^0 35^0
in Gramm = 2,3 3,4 4,9 6,8 9,4 12,7 17,1 22,8 30,1 39,5

Relative Feuchtigkeit nennt man nun das in Procenten ausgedrückte Verhältniss der in der Luft wirklich enthaltenen Dampfmenge zu derjenigen, welche sie bei der beobachteten Temperatur enthalten könnte.

gut justirtes Klinkerfues'sches Haarhygrometer) — bei der Beurtheilung der Wasseraufnahmefähigkeit der Jute in Betracht zu ziehen sei.

Unter dieser Voraussetzung wurden nun die folgenden Versuche während eines halben Jahres unter fortwährender genauester Abwiegung der Objecte und Beobachtung des relativen Wassergehaltes (die Temperatur wurde auch nebenbei notirt) vorgenommen.

Die erhebliche Schwierigkeit, wochenlang möglichst genau denselben relativen Wassergehalt der Luft in einem geschlossenen Raume zu erhalten, hob ich schliesslich nach mannigfachen Versuchen auf folgende Weise. Stellt man eine Glasglocke, die je nach Umständen im Innern auch zum Theil mit in Wasser getauchtem Löschpapier beklebt werden muss, mit der Mündung nach unten in einen mit Wasser gefüllten Untersatz, so erhält man in dem von der Glocke eingeschlossenen Luftraume in kurzer Zeit einen relativen Feuchtigkeitsgehalt von 100 %, also volle Sättigung.

Nimmt man nun statt des Wassers eine Lösung von Chlorcalcium, so muss sich, wie aus den bekannten Eigenschaften dieses Körpers von vornherein bereits gefolgert werden kann, je nach der Konzentration der Lösung, ein niederer relativer Feuchtigkeitsgehalt der Luft unter der Glasglocke ergeben. In der That war es möglich denselben bis zu ca. 35 % herab herzustellen und in leichter Weise genügend constant zu erhalten. Soll der Feuchtigkeitsgehalt der Luft noch weiter herab gezogen werden, so erzielt man dies durch Hineinstellen von offenen Schalen mit konzentrirter Schwefelsäure. Da es nun bei hygroskopischen Untersuchungen weniger darauf ankommt einen bestimmten Feuchtigkeitsgehalt, sondern nur überhaupt verschiedene, diese aber constant zu erhalten, so kommt man nach einigem Probiren alsbald zum Ziele. So wurden bei den weiteren Versuchen, um die Wassergehaltkurve für Jute festzustellen, so lange folgende relative Feuchtigkeitsgrade: 17,5 %, 22,25 %, 38 %, 45 %, 60 %, 71 %, 87 %, 93 % und 98 % erzeugt und constant erhalten, bis sichere Resultate über den jeweiligen höchsten Wassergehalt der exponirten Objecte erzielt waren.

Dies der Grundgedanke, der folgenden Untersuchungen.

Auf Tafel I, Fig 1, ist die Experimentirvorrichtung, **der Feuchtigkeits-Prüfungs-Apparat** axonometrisch dargestellt.

Das unten offene Glasgefäss G mit satteldachartigem oberen Abschluss, 51 ^{cm} lang, 32,5 ^{cm} tief und 52 ^{cm} hoch, taucht in den Untersatz U. T ist eine gut mit Filz gedichtete Thür zum Einlegen oder Herausnehmen der Objecte. Auf der perforirten Zinkplatte B werden auf kleinen Papierböcken, oder auch direct auf jener, die Objecte aufgestellt, deren Hygroskopizität untersucht werden soll. H ist das ebenfalls auf dieser Platte stehende August'sche Psychrometer, neben welchem auch noch bei den Versuchen — in der Figur weggelassen — ein Klinkerfues'sches Hygrometer stand. Beide können bequem von aussen beobachtet werden. Um die Luft im Innern des Glaskastens stets gut zu mischen und anderseits die zur Bethätigung des Psychrometers erforderliche bewegte Luft zu schaffen, ist der Wedel w angebracht, der durch Drähte von aussen in Bewegung gesetzt werden kann. Hier wurde derselbe mittels einer Schnur und elastischer Aufhängung des oberen Drahtes am hinteren Ende — von der Scheibe S aus in Schwingung versetzt, welche durch einen Wassermotor ihre Bewegung erhielt.

Um den relativen Wassergehalt in dem Glaskasten möglichst unverändert zu erhalten, ist es am zweckmässigsten denselben in einem grösseren Digestorium unterzubringen, in welchem leicht mittels Gasflammen Tag und Nacht derselbe Temperaturgrad fast constant erhalten werden kann, besser als in einem geräumigen Zimmer. Um das directe Niederschlagen von Feuchtigkeit auf die exponirten Objecte bei voller Sättigung der Luft und einem etwaigen Zurückgehen der Temperatur zu verhüten, wurde nur bis zu einem Sättigungsgrade von 98 % die Versuche fortgeführt.

Um endlich den jeweiligen Wassergehalt der Luft im Innern des Glasgefässes ausser durch die beiden Instrumente auch noch direct durch Wiegung zu controliren, diente folgende Einrichtung: A ein graduirtes Gefäss, das bei Beginn der Controle mit einer bestimmten Menge Wasser gefüllt ist. C ein zum Theil mit concentrirter Schwefelsäure gefülltes, mit dem ersteren wie gezeichnet communicirendes Gefäss. L der bekannte Liebig'sche Kugelapparat, der ebenfalls zum Theil mit concentrirter Schwefelsäure gefüllt und so aufgehängt ist, dass, wenn Luft durch denselben streicht, diese dreimal durch eine dünne Schicht derselben treten muss. Dieser Apparat ist einerseits verbunden mit einer in die Schwefelsäure des Gefässes C eintauchenden Röhre, anderseits mit einem Bleirohr, welches um die untere Kante des Glaskastens G herum in das Innere desselben führt, ohne dass der Flüssigkeitsabschluss im Untersatze U aufgehoben wird. An der Hinterseite ist endlich noch eine ebenfalls in das Innere des Glaskastens G führende Bleiröhre, deren äussere Oeffnung mit in Wasser getauchter Jute bedeckt gehalten wurde. Vor der Anlegung des Liebig'schen Kugelapparats wurde derselbe mit Glaspfropfen geschlossen, mit dem Schwefelsäure-Inhalt gewogen. Lässt man jetzt durch den Quetschhahn m aus dem Gefäss A das Wasser tropfenweise ausfliessen, so muss, wie sich ohne Weiteres übersieht, an Stelle desselben Luft eintreten, genommen aus dem Gefässe G und in diesem erneut durch die von Aussen durch das hintere Bleirohr nachtretende Luft. Es übersieht sich ferner, dass das Gefäss C den Zweck hat, das Uebertreten von Feuchtigkeit in den Liebig'schen Apparat von der Wasserflasche A aus zu verhüten. Ist nun ein bestimmtes Wasserquantum aus der letzteren geflossen, also eben so viel Luft aus dem Glaskasten entnommen worden, so wird der Versuch unterbrochen, der Liebig'sche Apparat wie vorhin verstöpselt und auf's Neue gewogen. Aus der Zunahme des Gewichtes ergiebt sich sofort das Wasserquantum, welches in dem bekannten durch denselben gegangenen Luftvolumen enthalten war. Aus beiden lässt sich die relative Feuchtigkeit unter Berücksichtigung der augenblicklichen Temperatur im Glaskasten, wie sie am Psychrometer abgelesen wird, berechnen.

Diese wiederholten Controlen ergaben stets vollkommene Uebereinstimmung mit den Angaben des Psychrometers und dürfte diese doppelte Controle den Versuchen um so grössere Zuverlässigkeit geben.

Das Haar-Hygrometer war zu stets denselben Anzeigen wie das Psychrometer nicht zu bringen. Justirte man dasselbe für die niederen Feuchtigkeitsprocente, dann stimmte es für die höheren nicht und umgekehrt. Innerhalb nicht zu weiter Grenzen war dasselbe jedoch brauchbar. — Es verdient dies besonders den Herren Nicht-Technikern in der Praxis gegenüber hervorgehoben zu werden, welche sich oft zu sehr auf die Angaben dieses Instrumentes, das immer wieder von Zeit zu Zeit justirt werden muss, verlassen. Das Abwiegen der exponirten Objecte erfolgte zwischen luftdicht schliessenden Glasschalen.

Der Wassergehalt muss nun auf das Trockengewicht der Substanz bezogen werden, weshalb dieses zunächst zu ermitteln ist.

Das **Trocknen der Jute** selbst nur bei 100° Celsius, ergab eine starke Bräunung der Faser. Da diese nur von einer Oxydation der Bestandtheile herkommen konnte, es auch fraglich blieb, ob hierdurch nicht die Hygroskopicität der Faser selbst beeinträchtigt wird, so zog ich das Trocknen in einem Gefässe über Schwefelsäure im luftverdünnten Raume vor. — Zum Absaugen der Luft aus dem Trockengefässe stand eine kleine sehr gut functionirende Wasserstrahlpumpe zur Verfügung. Das Vacuum in dem Gefässe wurde durch Einsetzen einer kleinen gebogenen, an dem einen Ende zugeschmolzenen mit Quecksilber gefüllten Röhre gemessen und gefunden, dass es möglich war die Luft bis 1 ᶜ Druck auszupumpen. Nach 24 Stunden war die Austrocknung der Objecte vollkommen erfolgt, wie Controlversuche unter Zuhülfenahme höherer Temperatur ergaben.[4] Vor dem Oeffnen des Trockengefässes wurde jedesmal durch Schwefel-

---

[4] Jetzt steht mir ein hier angefertigter Vacuum-Apparat zur Verfügung, in welchem die Temperatur beliebig erhöht werden kann. Die Jute verändert im Vacuum auch bei höherer Temperatur ihre Farbe nicht und trocknet in etwa 4 Stunden bereits vollständig aus. Nähere Beschreibung dieses Apparats erfolgt im Hauptbuche.

säure getrocknete Luft in dasselbe gelassen, dann nach Abnahme des Gefässdeckels die weithalsigen Wiege-Fläschchen, welche die Objecte enthielten, rasch verstöpselt und nun gewogen.

Als Ergebniss dieser, wie schon erwähnt, sehr lange Zeit fortgesetzten Versuche, ist folgendes Allgemeine festzustellen:

Am schnellsten sättigte sich die durch einen Hechelprocess gewonnene zertheilte und aufgelockerte Juteheede, langsamer die Jutegarne und unter diesen wieder die Kettengarne langsamer als die Schussgarne, am langsamsten schliesslich dichtes Tarpawling-Gewebe. Schliesslich nahmen aber die Fabrikate denselben Wassergehalt wie die lose Jute an.

Gebatschte — also geölte Jute — verhielt sich fast genau ebenso wie ungebatschte. Geschlichtete Jutegarne nahmen das Wasser etwas schneller auf als ungeschlichtete, erlangten aber keinen anderen Wassergehalt als jene.

Aus diesen Vorversuchen wurde festgestellt, dass sich die Fabrikate, ob geölt oder gestärkt, ebenso verhalten wie die rohe Faser, und dass sich bei ihnen nur der Process der Wasseraufnahme langsamer vollzieht als bei jener. Daher wurden die weiteren sehr zahlreichen Versuche nur noch auf die rohe Faser selbst und zwar mit den Sorten $\frac{RB}{1}$, $\frac{RB}{2}$ und $\frac{RB}{3}$ 1886er Ernte angestellt. Constatirt wurde, dass die Kopfenden etwas mehr, die Wurzelenden am wenigsten Wasser aufnehmen und war dieser Unterschied, obwohl an sich gering etwa $1/4$ bis $1/2\,\%$ betragend, grösser als der, welcher für die verschiedenen Sorten gefunden wurde.

Für die mittlere Sorte Jute $\frac{RB}{2}$ und für Fasern, welche der Stengelmitte entsprechen, ergaben sich die Resultate, welche auf Tafel II Fig. 1 in Tabelle A wiedergegeben sind. Die beobachteten Werte wurden, wie sich ohne Weiteres aus der Figur ergiebt, als Ordinaten aufgetragen und die Endpunkte mit einer Kurve, die also die **Wassergehaltkurve** darstellt, verbunden.

Es ergab sich hierbei, dass bis zu ca. 71 % relativer Luftfeuchtigkeit die Wasseraufnahme proportional jener steigt, wobei die ganz geringfügige Abweichung bei 60 % relativer Luftfeuchtigkeit ausser Acht gelassen wurde, da jener Versuch nicht so lange ausgedehnt worden war, wie die anderen. — Unter dieser Annahme — die durchaus zulässig erscheint, — sind dann von 5 zu 5 % relativer Luftfeuchtigkeit die Werte von 5 bis 70 % berechnet und in der zweiten Tabelle B eingetragen worden. Wir sehen, dass von 71 % relativer Luftfeuchtigkeit an die Wasseraufnahme rasch steigt, dass sie bei 98 % bereits 32 % und, wie aus dem Diagramm durch Verlängerung der Kurve bis zum Schnitt mit der Ordinate bei 100 % relativer Luftfeuchtigkeit entnommen wurde, bis 34,25 % vom Trockengewichte steigt [5]). — Die Werte für den Wassergehalt von 70 % relativer Luftfeuchtigkeit an, wie sie die Tabelle B enthält, wurden natürlich durch Messen aus dem Diagramme entnommen.

Bis zu einem Wassergehalte von etwa 20 %, entsprechend einer relativen Luftfeuchtigkeit von 85 %, fühlte sich die Jute noch trocken an; erst bei noch höherem Wassergehalte konnte derselbe auch durch das Gefühl erkannt werden.

Die starken Schwankungen des Wassergehaltes der Jute bei verschiedenem relativen Feuchtigkeitsgehalte der Luft ergeben sich deutlich aus dem Diagramme.

Ueber **die Zeit,** welche die **Jute** brauchte, um **Wasser** in feuchteren Räumen **aufzunehmen** und in trockneren wieder **abzugeben,** wurden ebenfalls eine Reihe Beobachtungen mit roher gehechelter Jute, mit Garnen und Geweben angestellt. — Diese Versuche sind aber gegenwärtig noch nicht zahlreich, insbesondere aber noch nicht vielseitig genug, um befriedigende Schlüsse aus denselben ziehen zu können. Doch ergab sich Folgendes:

Wie bereits am Anfange unserer Besprechungen des hygroskopischen Verhaltens der Jute erwähnt wurde, verändert die lose, gehechelte Jute ihren Wassergehalt am schnellsten, Garn und Gewebe langsamer, oft recht erheblich langsamer. — Es dauerte bei dichten Jutegeweben z. B. bis 25 Tage, ehe sie den Wassergehalt angenommen hatten, welchen die lose Jute in wenigen Tagen erreichte. Die Fabrikate haben aber das mit der losen Jute gemeinsam, dass bei plötzlichen Feuchtigkeitsänderungen der Luft der Wassergehalt in der ersten Zeit sehr schnell wächst oder fällt, sich aber erst nach längerer Zeit auf den Prozentsatz einstellt, den die Wassergehaltskurve angiebt. — Im Allgemeinen kann ferner gesagt werden, dass die Jute und ihre Fabrikate den Feuchtigkeitsänderungen der Luft ziemlich rasch folgen, das Wasser jedoch etwas schneller abgeben, als aufnehmen.

Die mit loser Jute angestellten Versuche sind allein zahlreich genug, um wenigstens für einige Fälle die Zeitkurven zeichnen zu können. — Bei der einen Gruppe von Versuchen ist die Zeit der Wasseraufnahme Fig. 2 Tabelle C, bei der anderen die Zeit der Wasserverdunstung Tabelle D ermittelt worden.

Betrachten wir zunächst die zur Wasseraufnahme erforderliche Zeit: Tabelle C.

---

[5]) Die von Professor Dr. Wiesner in: „die Rohstoffe des Pflanzenreiches“ angegebenen Werte sind hiernach viel zu niedrig.

Versuch a: Es wurde lose Jute wie früher getrocknet und dann
in den Feuchtigkeits-Apparat gebracht, der Luft mit 86 %
relativer Feuchtigkeit enthielt.

Versuch b: In denselben Raum wurde lose Jute mit 9,6 %
Wassergehalt gebracht, welche vorher einige Zeit in Luft
mit 46,6 % relativer Feuchtigkeit gelegen hatte.

Nach einer halben Stunde hatte Probe a bereits einen Wassergehalt von 13,75; Probe b von 16,06 %.

Nach $1\frac{1}{2}$ Stunden hatte Probe a bereits einen Wassergehalt
von 17,21; Probe b von 18,16 % u. s. w. wie die Tabelle C
angiebt.

Trägt man diese Werte als Ordinaten, die Zeiten als Abscissen
auf und verbindet die Endpunkte der ersteren mit einer Kurve; so
beginnt Zeitkurve a im Punkte A; Zeitkurve b im Punkte B.

Wir sehen, dass die Wasseraufnahme ausserordentlich schnell
erfolgt, sich in $1\frac{1}{2}$ Stunden etwa in der Hauptsache bereits vollzogen hat und gegen den dem 86 % relativen Feuchtigkeitsgehalte
der Luft entsprechenden grössten Wassergehalte von 20,5 %, den
dieselbe überhaupt erreicht, alsdann nur noch um 3%, beziehungsweise 2 % zurücksteht.

Die Versuche wurden bis zu $47\frac{1}{2}$ Stunden ausgedehnt, alsdann
der voraussichtliche weitere Verlauf der Zeitkurve soweit wie auf
der Zeichnung möglich, vervollständigt. — Parallel zur Abscissenachse wurde endlich eine Linie gezogen, welche dem Wassergehalte
der Jute bei 86 % relativer Luftfeuchtigkeit — also 20,5 % —
entspricht.

Wir erkennen, dass der Unterschied von 9,6 %, welcher
beziehentlich des Wassergehaltes der beiden Proben im Anfange
bestand, schon nach 9 Stunden sich bis auf etwa $\frac{1}{2}$ % ausgeglichen
hatte und alsdann immer mehr abnahm. — Nach etlichen 80 Stunden,
also etwa $3\frac{1}{2}$ Tagen, hat sich der Wassergehalt in beiden Fällen dem
früher ermittelten grössten Gehalte bis auf etwa 1 % genähert.

In Betreff der Verdunstungszeit wurde nach Tabelle D

Versuch a_1: lose Jute mit 24,01 % Wassergehalt in ein Zimmer
gebracht, das Luft mit 50 % relativer Feuchtigkeit enthielt; — nach

Versuch b_1: lose Jute mit 20,82 % Wassergehalt in ein Zimmer
mit Luft von 45,3 % relativer Feuchtigkeit.

In jenem Zimmer konnte nun die relative Feuchtigkeit der
Luft nicht constant erhalten werden und sank dieselbe etwas im
ersteren, stieg etwas im zweiten Falle, wie die Tabelle D angiebt.

Wenn man nun die erhaltenen Werte wie vorhin aufträgt, so
beginnt die Verdunstungskurve a_1 im Punkte A_1, die Kurve b_1 im
Punkte B_1 und wir sehen, dass sich auch die Wasserabgabe sehr

schnell und bereits nach einer Stunde der Hauptsache nach vollzogen hat.

Vervollständigt man noch den voraussichtlichen weiteren Verlauf der Kurven und zieht parallel der Abscissenachse eine Linie, welche dem Wassergehalte der Jute bei 45,3 % beziehungsweise 47 % relativer Luftfeuchtigkeit entspricht, so sehen wir, dass nach etwa 70 bis 80 Stunden die Verdunstung des Wassers als nahezu vollendet angesehen werden kann.

Wir erkennen endlich noch, dass die Verdunstung schneller ihrem Ende entgegen geht als die Wasseraufnahme.

Soweit hierüber.

Für **praktische Zwecke** ist es nun angezeigt einen **mittleren** Wassergehalt der Jute anzunehmen. — Da dieser wieder, wie wir sahen, von dem **mittleren relativen** Feuchtigkeitsgehalte der Luft abhängt, so müssen wir einige diesbezügl. Beobachtungen zunächst zusammen stellen.

Es gilt der Satz:

Wenn die Temperatur steigt, so steigt auch im Allgemeinen der absolute Feuchtigkeitsgehalt der Luft, während zugleich die relative Feuchtigkeit abnimmt (d. h. die Trockenheit zunimmt), und umgekehrt.

Der Feuchtigkeitsgehalt der Luft schwankt also sowohl während eines Tages, wie auch während eines längeren periodischen Zeitraumes z. B. eines Jahres.

So wurde z. B. für Wien im Monat Juli beobachtet:

Um 3 Uhr früh 6 U. 9 U. Mitt. 3 U. 6 U. 9 U. Mitternacht
Absol. Feucht. 10,7   10,5 10,7 10,8 10,8 11,2 11,4 10,9 pro 1 cbm.
Relat. Feucht. 75   74 61 51 48 53 66 72 Procent.

Für ein ganzes Jahr ergab sich für Wien und für Crefeld:

Monate	Jan.	Febr.	März	April	Mai	Juni	Juli	Aug.	Sept.	Oct.	Nov.	Dec.
Wien rel. Feucht. %	83	84	79	72	63	64	64	63	66	69	76	80
Crefeld rel. Feucht. %	83,6	79,9	72,9	65,4	61,6	62,4	64,8	67,0	72,6	80,1	83,1	84,7

Sehen wir das arithmetische Mittel als massgebend an, so ergiebt sich für die Monate März bis ult. August (Sommer)

für Wien: 67,5 % und für Crefeld 65,7 %,

ferner für die Monate September bis ult. Februar (Winter)

für Wien: 76,3 % und für Crefeld 80,6 %

und als Jahresmittel endlich

für Wien nahezu 72 % und für Crefeld 73,4 % rel. Feuchtigkeit.

Die Abnahme der Luftfeuchtigkeit von den Küsten nach dem Landesinnern ist durch folgende Zahlen ausgedrückt:

     Greenwich   Wien   Lugansk   Uralsk
im Winter   86   82   87   82 Procent relat. Feucht.
im Sommer   77   64   58   42   „   „   „

Man sieht hieraus, dass, da die Temperatur landeinwärts im Winter rasch abnimmt, die Luft während desselben einen hohen Grad von rel. Feuchtigkeit zeigt, und dass erst im Sommer die Dampfarmuth hervortritt.

Der relativ trockenste Monat ist nach vorigen Angaben der Monat Mai. Den grössten Unterschied in den mittleren monatlichen Beobachtungen zeigt Crefeld in Bezug auf Mai und December, für welche die Differenz der relativen Luftfeuchtigkeit 23,1% beträgt. — Die Jute würde also in Crefeld im Monat Mai ca. 12% Wasser; im December ca. 20%; im letzteren Monate also 8% mehr Wasser enthalten.

Obgleich es hiernach fast angezeigt erscheint für jeden Monat einen besonderen Wassergehalt der Jute festzustellen, also z. B. für Crefeld, welches bezieh. relativer Luftfeuchtigkeit etwa für Deutschland als massgebend angesehen werden kann, vom Januar beginnend abger.:
19 17 14 13 12 12,5 12,75 13 14 17 18,5 20% vom Trockengewichte, so dürfte hiermit der Praxis schon wegen der localen Abweichungen im relat. Feuchtigkeitsgehalte der Luft, wenig gedient sein.

Zweckmässiger erscheint es schon, wenn das arithmetische Mittel aus obigen Angaben für je 6 Monate als massgebend für den Wassergehalt der Jute angenommen wird. Darnach würde der Wassergehalt der Jute zu setzen sein:

im Sommer   und im Winter
(März bis August)   (Sept. bis Februar)

für Wien abger. 13%   15% vom Trockengewichte,
für Crefeld abger. 13%   17%   „   „

Wird aber auch noch dieser Unterschied fallen gelassen und nach dem Jahresmittel für Wien und Crefeld die mittlere relative Luftfeuchtigkeit für Europa etwa zu 72 pCt. angenommen, so scheint es angemessen:

„einen mittleren Wassergehalt der Jute und Jutefabrikate „von 14% als denselben zukommend anzusehen und deren „Gewichte und Preise unter dieser Annahme zu normiren, „beziehentlich im gegebenen Differenzfalle sich auf diese „Basis zu stützen.“

Waren, welche in geschlossenen geheizten Räumen zur Verwendung gelangen, wie Teppiche, Vorhänge u. s. w., werden, wenigstens so lange geheizt wird, zwar einen niederen Wassergehalt zeigen; dennoch erscheint es nicht zweckmässig für diese etwa eine andere Norm zu wählen, weil jene gewöhnlich nicht nach dem Gewichte gehandelt werden, und weil der Spinner beim Einkaufe der Rohjute stets den hohen Wassergehalt mit als Jute bezahlen muss.

Bei den folgenden Festigkeits-Untersuchungen wurde aber aus verschiedenen Gründen ein Wassergehalt der Jute von nur 10% den Berechnungen zu Grunde gelegt.

Die Bestimmung des **specifischen Gewichtes** der Faser erfolgte mittels einer Reimann'schen Wage durch Eintauchen in Oel, nachdem im Vacuum bereits die in Oel getauchte Faser von der im Innern befindlichen Luft sorgfältig befreit war.

Es ergab sich das s p e c i f i s c h e G e w i c h t der Jutefaser bei einem Wassergehalte von 7 %, reducirt auf Wasser von 4° Celsius, zu **1,436.**

Nunmehr kommen wir zur Besprechung der Untersuchungen der **Festigkeit** und **Dehnbarkeit** der **Jute** und **Jutegarne.**

Die Apparate, welche hierbei Verwendung fanden, sind bereits genannt worden. Eine kurze Beschreibung derselben ist aber auch hier aus bestimmten Gründen erforderlich.

Der **Hartig-Reusch'sche Zerreissapparat** ist auf Tafel III, Fig. 1 bis 5, abgebildet.

An diesem und dem folgenden Apparate können wir unterscheiden: die Vorrichtungen zum Einspannen des Objectes, zum Belasten desselben und zum Aufzeichnen der sich aus Dehnung und Belastung zusammensetzenden Kraftkurve.

Der zu untersuchende Faden z. B. wird zwischen die Klemmen k und k_1 (Fig. 1 bis 3) gebracht und in diesen festgeschraubt. Die Klemme k_1 ist mit einem Gestell G in Verbindung, welches in beliebiger Entfernung von Klemme k auf dem hölzernen Untersatz befestigt werden kann. Aus bestimmten Gründen ist Klemme k_1 noch verschiebbar in ihrem Gestell und beeinflusst durch Feder f, (Fig. 2 und 3), kann aber durch Hakenklemme b mit jenem auch fest verbunden werden. Dieser Zustand wurde bei den Versuchen beibehalten. Die Entfernung der äusseren Kanten der Klemmen giebt die freie Einspannlänge, welche direct an dem Index i (Fig 3) auf der Skala des Untersatzes abgelesen werden kann.

Es sei hier gleich bemerkt, dass das Einspannen mit einer geringen Anspannung des Fadens erfolgen muss, welche man nach einigen Versuchen leicht findet. Man hat die richtige Anfangsspannung dann, wenn die früher erwähnte Kraftkurve, welche jetzt von den graphischen Organen des Apparates aufgezeichnet wird, in dem dort mit a_0 bezeichneten Schnittpunkte der stets vor Beginn des Versuches gezeichneten Anfangsordinate mit der Horizontalen, weder tiefer noch weiter nach links, beginnt.

Fängt sie tiefer an, so war die Anfangsspannung zu gross, fängt sie links von a_0 auf der Horizontalen an, so war sie zu klein. Den letzteren Fehler kann man übrigens alsbald nach Vollendung des Diagrammes verbessern durch Verlegen der Anfangsordinate an die weiter links liegende Anfangsstelle des Diagramms.

Die Klemme k nun ist diejenige, durch deren Verschiebung die Anspannung des Versuchsobjectes erfolgt. Sie ist mit dem auf vier Rädern ruhenden Wagen R abnehmbar verbunden, welcher auf zwei an dem Bockgestell C befestigten Schienen DD verschoben werden kann.

In der Anfangsstellung rechts kann der Wagen durch einen Stift o mit dem Gestelle fest verbunden werden.

Wird der Wagen aber bei ausgelöstem Stift und eingespanntem Object nach links bewegt, bis das Zerreissen desselben eintritt, so giebt das Stück, um welches sich derselbe in diesem Momente von der Anfangsstellung entfernt hat, die Verlängerung des Objectes bis zum Bruche, also die Bruchdehnung an.

Um aber ein Mass für die Kraft zu erhalten, mit welcher der Wagen bewegt werden muss um das Object zu zerreissen, ist in der Richtung der Längsachse des Apparates, abnehmbar, einerseits am Wagen, andererseits an dem Querstücke Q, die Spiralfeder F angelegt. Am Querstück Q fasst die Schraubenspindel S an, welche am anderen Ende von der zweitheiligen, an dem im Gestelle C drehbar gelagerten Handrade H angeschraubten Mutter m m gefasst wird (Letztere ist in Fig. 5 aufgeklappt gezeichnet). Bei Rechtsdrehung des Handrades wird somit die Schraube S nach links verschoben, was die Anspannung der Feder zur Folge hat, welche wie ersichtlich auf das Versuchsobject übertragen wird.

Es sind also zwei Grössen vorhanden, die durch den graphischen Apparat gemessen werden müssen. Das Stück, um welches sich der Wagen bis zum Bruche des Objects verschiebt und dann die in jedem Augenblicke vorhandene Spannung, entsprechend einer bestimmten Dehnung der Feder.

Am festen Gestell ist die Zeichentafel Z verstellbar, vergl. Fig. 1 (um mehrere Diagramme neben einander zeichnen zu können), angebracht, auf welcher das Zeichenpapier festgeklemmt wird. Abweichend von der ursprünglichen Klemmvorrichtung, bei welcher leicht ein faltiges Einspannen des Bogens eintrat, habe ich eine andere anbringen lassen, die ohne Weiteres nach der Figur verständlich ist. Mit dem Wagen verbunden ist die Zahnstange e, welche den Zeichenstift e_1 trägt, — der also die Bewegung desselben mitmachen, also auf dem Papier einen horizontalen Strich zeichnen muss, sobald er nach links bewegt wird — wodurch die Dehnungen wie ersichtlich markirt werden. — An Stelle des Bleistiftes benutze ich einen Silberstift, der auf Chromo-Papier eine scharfe Kurve zeichnet und dem Abbrechen nicht unterliegt. — Die Zahnstange, an welcher der Zeichenstift f eingesetzt ist, wird nun von dem auf einer horizontalen Achse des Wagens sitzendem Zahnbogen 1 gefasst. Jene Achse wieder steht durch eine halb gezahnte Scheibe 1_1 mit der horizontalen Zahnstange 1_2 in Verbindung. Da nun diese letztere Zahnstange mit dem Querstück Q, also auch mit der Schraubenspindel wie Zeichn. zeigt verbunden ist, so muss sie um soviel zurückweichen bei der Bethätigung des Apparates, als der von jener hervorgebrachten Dehnung der Feder entspricht. — Dieses Zurückweichen pflanzt sich aber durch beschriebene Verbindung auf die Zahnstange und den Zeichenstift fort, der also um so weiter senkrecht abwärts geführt wird, je grösser jenes, je stärker die Dehnung der Feder — also ihre Anspannung — war. — Die horizontale und vertikale Bewegung combinirt sich nun, wie ohne weiteres ersichtlich, bei gleichzeitiger Wirkung zur Kraftkurve, die wir bereits kennen gelernt haben. —

Um sich nun beim Ausmessen des Diagrammes unabhängig von den im Apparat vorhandenen Reibungswiderständen zu machen, zieht man bei geöffneter Mutter m und gelöstem Wagen, ehe das Zerreissobject eingespannt wird, am Knopfe der Schraubenspindel den Wagen zurück. Die Feder spannt sich zunächst etwas, der Zeichenstift geht etwas tiefer und markirt die Horizontallinie — die Abscissenachse, von welcher aus die Kraftordinaten gemessen werden. (Wäre keine Reibung im Apparat vorhanden, so würde ein Anspannen der Feder nicht erfolgen, die Abscissenachse würde etwas höher liegen.) — Man führt jetzt den Wagen in die Anfangsstellung zurück und verstöpselt denselben durch Einsteckstift o mit dem Gestelle. Zieht man jetzt die Spindel nach links, so spannt sich nur die Feder, der Zeichenstift geht senkrecht abwärts und zeichnet die Anfangsordinate, deren Schnittpunkt mit der Horizontalen wir mit a_0 bezeichneten.

Nunmehr ist die Vorbereitung zum Versuche zu Ende. Man nimmt das Einspannen des Objectes wie erwähnt vor, zieht den Stöpsel o aus dem Gestell und beginnt bei eingerücktem Zeichenstift durch Drehen an dem Handrade H die Anspannung — bis der Bruch erfolgt. Damit in diesem Moment der Wagen bei der plötzlichen Entlastung der Feder nicht mit einem Stoss zusammenschnellt, ist die Klinkstange t am Querstück und eine Doppelklinke t_1 an dem Wagen angebracht. — Der Wagen fährt beim Eintritt des Bruches nur ein kleines Stück zurück bis die Einklinkung erfolgt ist. Am Diagramm markirt sich diese Stelle durch ein Häkchen am Ende der Kraftkurve. — Der Wagen wird jetzt in die Anfangsstellung zurückgebracht, festgestöpselt und durch Ausklinken und langsames Nachlassen der von der Mutter befreiten Spindel von der Federspannung entlastet.

Jetzt muss die Zeichentafel etwas verstellt, die neue Ordinate gezogen und ein anderes Object eingespannt werden. Der zweite Versuch kann alsdann beginnen.

Da nun das Drehen des Handrades mit der Hand einerseits unbequem, andererseits nicht leicht recht gleichmässig ausgeführt werden kann, kann man sich eines Motors bedienen, welcher auf die nachträglich hier angebrachte Schnurscheibe P wirkt, von deren Achse durch Schnecke und Schneckenrad die Bewegung auf die verlängerte Nabe des Handrades, also auch auf die mit demselben verbundene Mutter u. s. w. übertragen wird. Das Excenter v dient zum Aus- oder Einrücken der Schnecke unter Mitwirkung der Feder v_1

Um ferner einen bequemen Antrieb mit der Hand zu erhalten, welcher dem Experimentirenden erlaubt, vor der Zeichentafel sitzen zu bleiben und den Verlauf des Experiments genau zu beobachten, habe ich an das Handrad eine Schnurscheibe anbringen lassen, welche von einer biegsamen Welle w aus, die durch Kurbel r gedreht werden kann, betrieben wird. — Ich kann nur constatiren, dass sich diese Einrichtung sehr gut bewährt und wesentliche Erleichterungen schafft.

In Fig. 4 ist endlich die Vorrichtung angedeutet, welche nach Wegnahme des Gestells G am Ende des Untergestelles U angeordnet wird, wenn es sich darum handelt, den Masstab für die 3 Federn, welche je nach Bedarf eingelegt werden können, fest zu stellen. — Das obere Ende des Winkelhebels W wird durch eine kräftige Hanfschnur mit der Klemme K verbunden, das andere Ende belastet. — Der Hebel nimmt dann die gezeichnete Lage ein. — Auf der Zeichentafel ist die Abscissenachse vorher gezogen, und wenn man jetzt den Wagen langsam zurückschraubt, bis der Winkelhebel die punktirte Lage angenommen hat, ist vom Zeichenstift eine vertikale und eine schräg noch abwärts gerichtete in dem letzten Verlaufe horizontale Linie beschrieben. Die grösste Entfernung derselben von der Abscissenachse entspricht der bekannten Belastung der Feder. Fährt man unter stufenweiser Vermehrung der Belastung in dieser Weise fort, so erhält man die Grundlagen für den Masstab.

In dieser Weise sind die Massstäbe für die 3 Federn dieses Apparates festgestellt und mehrmals controlirt worden.

Es möge hier noch gestattet sein auf einen in Fig. 4 der Tafel 1 wiedergegebenen **Apparat zum Schneiden von Papierstreifen** hinzuweisen, den ich bei Papierprüfungen benutze, um stets genau 15 mm breite Streifen rasch schneiden zu können.

Auf dem Schneidebrett a ist an zwei Seiten je eine Leiste b angebracht, die, wie der Grundriss erkennen lässt, im mittleren Theile herausnehmbar ist, anderseits aber durch je zwei Schrauben festgezogen werden kann. Diese Einrichtung dient dazu eine Zinkplatte auf dem Tische a festzuhalten, welche als Unterlage für das zu schneidende Papier dient. Zwischen den Leisten b findet der Rahmen c Führung, dessen vorderer Theil um die Gelenke c_1, emporgeklappt werden kann, wenn der Bügel d abgehoben worden ist. Man kann dann das zu schneidende Papier auf die Zinkplatte unter den Rahmen c legen, klappt hierauf denselben nieder und legt den Bügel d an, der nach Umlegen der Excenter d_1 d_1 den Rahmen fest auf das Papier drückt. Mit Hilfe des in einer Führung eingespannten Messers e schneidet man an der vorderen Kante des Rahmens, welche mit einem abgehobelten eisernen Lineale l armirt ist, entlang, um den ersten geraden Abschnitt zu erhalten. Man löst den Bügel und dreht jetzt an der Kurbel k die Schraube s nach rechts; so wird, da diese in die Mutter m fasst, welche am Rahmen c befestigt ist, letzterer zurückgezogen und das Papier frei. Die Schraube hat 5 mm Ganghöhe; es genügen also 3 Umdrehungen, die an einer Scala und Zeiger abgelesen werden können, um einen Streifen Papier von 15 mm Breite frei zu machen, der dann wie beschrieben geschnitten werden kann u. s. w.

Gehen wir nun zunächst noch zur Beschreibung des zweiten zur Verwendung gelangten **Festigkeits-Apparates — von Professor Hoyer** D. R. P. Nr. 20382 über. Auf Tafel I, Fig. 2 und 3 ist derselbe nach dem Circular, welches die ausführende Firma W. Förmbling in Bielefeld giebt, abgebildet und folgen wir auch in Bezug der Beschreibung jenem Circulare:

Auf einem schmalen, hölzernen Brette U U befinden sich vier kleine feste Ständer G. O. R. C. In dem Ständer G ist die mit einer Schraubenmutter versehene Achse eines Handrades H so gelagert, dass sie sich drehen aber nicht in der Längenrichtung verschieben kann. Durch Drehung des Handrades wird daher die Schraube S bewegt. Diese Schraube ist mittels einer in der Grundrissfigur sichtbaren Stange mit der kleinen Traverse F verbunden, welche sich gegen die Dynamometerfeder E legt, und von den zwei runden Stangen b b getragen wird, die auf dem Ständer O in Führungen ruhen. An diesen zwei Stangen sitzen nun die beiden Querstücke a und d fest, wovon sich d ebenfalls gegen die Dynamometerfeder E legt, während a zunächst zur Aufnahme der Klemme A dient, in welche das eine Ende des Versuchsobjectes N eingespannt wird. — Zum Einspannen des anderen Endes dient eine zweite Klemme bei A¹ an der Stange B sitzend, welche in dem Ständer C je nach der Länge des Versuchs-stückes verschoben und durch die Klemmschraube D festgestellt werden kann.

Ist nun ein Object in die Klemmen A und A¹ eingespannt und wird dann das Handrad H rechts gedreht, so wird durch die Spannung desselben die Dynamometerfeder E zusammen gedrückt, und zwar proportional der Grösse der Spannung, welche das Object aushält, bis zum Bruch des letzteren. Die Länge, um welche sich hierbei die Federenden nähern, entspricht der zum Zerreissen erforderlichen Kraft. Ferner ist leicht zu erkennen, dass die Bewegung, welche das Querstück a ausführt, genau die dem Zerreissen vorausgehende Dehnung (Bruchdehnung) des Probestückes N ist. —

Um nun diese beiden Grössen (Zusammendrückung der Feder E und Entfernung der beiden Klemmen von einander) genau zu be-stimmen, werden sie auf den zwei Bogenskalen P und Q durch zwei Zeiger in vielfacher Vergrösserung angegeben. Hierzu dient für beide ein fast gleicher Apparat, wovon der, die Dehnung angebende, in dem Ständer R angebracht ist. Er besteht aus einer kleinen vertikalen Achse, der oben einen Zeiger z und unten eine Rolle v trägt. Um diese Rolle läuft eine in dem federnden Bogen y gespannte Saite i, welche von dem Stängelchen q mitgenommen wird, das an dem Querstück a festsitzt. Dadurch wird die Bewegung dieses Stückes a wie bei einem Rollbohrer auf den Zeiger übertragen und von diesem auf der Scala Q nach ganzen und halben Millimetern angezeigt. — In gleicher Weise erfolgt die Uebersetzung von der gegen die Feder E sich legenden Platte F auf den Zeiger z der Scala P, welche die Bewegung der Feder in entsprechenden Kilogrammen markirt. Eine bei 1 angebrachte Sperrvorrichtung verhindert das plötzliche Zusammenschnellen der Feder nach dem Bruch des Probestückes.

Die Skalen P und Q bilden verschiebbare Platten aus mattem Glase auf dem sich mit dem Bleistift die Stellung des Zeigers leicht markiren lässt, um dadurch sofort den mittleren Wert mehrerer aufeinander folgender Prüfungen zu bestimmen und zu notiren.

Um die freie Länge des angespannten Streifens N zu messen, ist sowohl auf der Stange B als der Stange b eine Centimeter-Scala eingeschlagen, welche die direkte Ablesung der freien Länge zwischen den Klemmen A und A¹ gestattet.

Ein solcher dem hiesigen Polytechnikum gelieferter Apparat für eine grösste Federspannung von 120 Kilogr. wurde nun hier nach meinen Angaben umgebaut und mit einer graphischen Vorrichtung versehen.

Der umgebaute mit graphischer Vorrichtung versehene Apparat ist auf Tafel IV in Fig. 1 bis 7 abgebildet.

Die Excenterklemmen sind durch solche ersetzt, wie sie der Hartig-Reusch'sche Apparat hat. Die Klemmenstange B trägt am vorderen Ende eine Rolle, um das Herabsinken derselben zu verhindern, wenn sie am anderen Ende eingespannt ist. Unter der Klemme A ist ein eiserner Bock α angeordnet worden um erstere in der Anfangsstellung durch einen Einsteckstift a_1 festhalten zu können, damit die Anfangsordinate im Zeichenapparat gezogen werden kann. Das Handrad ist durch ein Schneckenrad ersetzt, in welches eine ausrückbare Schnecke fasst, Fig. 1, 2, 3, die durch Kurbel mit der Hand oder durch mechanischen Antrieb in Bewegung gesetzt werden kann. Es stellte sich diese Einrichtung als nöthig heraus, um den Apparat leichter bethätigen zu können. Als theilweise Ursache der immerhin starken Reibungswiderstände bei höheren Spannungen wurde die einseitige Inanspruchnahme der Feder, wodurch ein Kippen derselben und ein seitliches Anpressen der Stangen b in ihren Führungen o hervorgebracht wird, angesehen.

Besserung wurde dadurch erzielt, dass man die Feder gegen 3 Stahlrollen 1, 2, 3, wirken lässt, welche in einem durch 3 Rollen 4, 5, 6 an dem Querstücke d gehaltenen Ringe β (man vergleiche Fig. 4ᵃ ᵘ· ᵇ) sitzen.

Der graphische Apparat besteht nun in Folgendem:

Die Zeichentrommel γ, Fig. 1, 4ᵃ und 5, welche in Fig. 7 in natürlicher Grösse wiedergegeben wurde, ist leicht drehbar zwischen

Stahlspitzen, die mit den Querstücken a und d durch Ständer a_1 und d_1 verbunden sind. Sie muss sich also, entsprechend den Dehnungen des Versuchsobjectes, in ihrer Längsachse wie die Querstücke a und d verschieben. Als Zeichenmaterial hat sich Pausleinwand in grösserer Länge im Innern der Trommel aufgewickelt, wie Fig. 7 erkennen lässt, bewährt. Selbstverständlich kann man sich aber auch derselben Mittel bedienen, wie sie beim Indikator üblich sind. — Der Zeichenstift δ ist verstellbar aber fest mit dem Gestelle, wie Fig. 1, 4ª und 5 zeigt, verbunden. — In Fig. 2 ist die Zeichentrommel sowie der Zeichenstift, um die darunter liegenden Theile zur Anschauung zu bringen, weggelassen worden. — Auf der linken Seite, Fig. 1, sitzt zentrisch zur Achse an der Trommel γ ein Zahnrad ε (man vergleiche auch Fig. 4ª und 5; sowie die Detailzeichnung Fig. 6, welche nur den folgenden Antrieb wieder giebt). Mit diesem steht ein zweites an dem Spitzenständer d_1 der Trommel drehbar angeordnetes Zahnrad ε_1 im Eingriff, — dessen andere Hälfte mit Zähnen versehen ist, die unter einem Winkel von 45 ⁰ gegen die Achse geneigt und im Eingriffe sind mit ebensolchen Zähnen einer Zahnstange ε_2. — Die Zahnstange ε_2 ist aber an den Querstücken F f befestigt, nimmt daher eine genau mit den Längenänderungen der Feder beim Belasten derselben übereinstimmende gradlinie Verschiebung an, welche sich in Folge der eben erwähnten Verbindung auf die Trommel in vergrössertem Masse fortpflanzt und deren Achsendrehung hervorbringt.

Es zeichnet also auch dieser Apparat die Dehnungen in natürlicher Grösse als Abscissen, die Belastungen als Ordinaten und zwar in vergrössertem Massstabe auf. Um den Zahnspielraum unschädlich zu machen, ist an dem Querstücke a die Stange λ angebracht, an welcher das durch Oese und Schnur mit der Trommel verbundene Gewicht λ_1 Führung findet.

Bei dem vorigen Apparat war also die Zeichenunterlage eine fest stehende Tafel, und der Zeichenstift führte die horizontale Bewegung für die Dehnungen und die vertikale für die Spannungen aus.

Hier ruht der Bleistift, während die Zeichenunterlage, jetzt eine Trommel, die rechtwinklig zu einander stehenden Bewegungen so ausführt, dass sie dieselben Bedeutungen wie bei jenem Apparate haben.

Kleinere sonstige in den Zeichnungen erkennbare Einrichtungen erklären sich von selbst.

Auch die Anwendung dieses veränderten Apparates bedarf keiner Beschreibung.

Die folgenden Diagramme: Versuchs-Nummer 25, Diagramm Tafel XVII sind den von jenem Apparate gezeichneten nachgebildet worden.

Die empirische Skala wurde mit Hülfe eines ungleicharmigen Winkelhebels W im Hebelverhältniss 1 zu 2, wie Fig. 1 angiebt, entworfen und zeigt auch diese durchaus nicht überall den Belastungen gleich proportionale Längenänderungen wie das Circular sagt.

Soweit hierüber.

Die **Prüfung der Festigkeit der Fasersubstanz** selbst bedarf noch einer besonderen Erörterung. — Während ein fertiger Faden ein Gebilde darstellt, dessen Einzelelemente durch Drehung und dadurch hervorgebrachte Reibung an einander haften, liegen dieselben bei einem Faserbündel, und nur um die Untersuchung eines solchen kann es sich handeln, lose neben einander, oder sind durch einen nicht zur Fasersubstanz gehörenden interzellularen Klebstoff neben- und hintereinander befestigt.

Die Jute setzt sich aus Einzelementen, Zellen, zusammen, die nur sehr kurz 0,8 bis 4,$^{1\,mm}$ lang sind. — Um also sicher zu sein, dass man wirklich sämmtliche Zellen bei dem Zerreissen eines Faser-Bündels an den Enden fest gehalten hat, müsste eine Einspannlänge $= 0$ genommen werden. Da dies aber aus praktischen Gründen nicht möglich ist, so behilft man sich in der Weise, dass zunächst eine grössere Einspannlänge genommen, für diese die Reisslänge bestimmt und mit kleiner werdenden Längen fortgefahren wird. — Sämmtliche Reisslängen trägt man dann als Ordinaten in entsprechenden Entfernungen auf eine Abscissenachse und verbindet die Endpunkte. — Verlängert man die — man könnte sagen: Festigkeitskurve der Substanz, bis die Ordinate für die Einspannlänge 0, also die y Achse, geschnitten wird, so giebt dann diese Ordinate die grösste Reisslänge an, welche der Substanz zukommt.

Die Schwierigkeit bei dieser interessanten Untersuchung liegt in dem zuverlässigen Einspannen des Faserbündels in einer gewünschten Entfernung, so dass die Einzelfasern möglichst gleiche Spannung haben. Das sonst wohl übliche Verfahren des Einklebens der Faserbündelchen zwischen Papierstreifen, welche dann, jedes Bündel einzeln, zwischen die Kluppen des Zerreissapparates eingelegt werden, schien mir, insbesondere für kürzere Einspannlängen, aus dem Grunde fraglich, weil das Klebemittel zwischen den Kluppen heraustritt und die Fasern zusammenbackt. Ausserdem ist das Verfahren zeitraubend und es bleibt immer noch das Einspannen in die Kluppen des Festigkeitsapparates schwierig.

Ich fand es deshalb bei der Jutefaser, aber auch für Flachs und Hanf, weil diese in genügend zusammenhängenden Faserstreifen vorkommen, für angemessener zum Einspannen einen besonderen Einspannstuhl y zu benutzen, in welchem die Kluppen auf das sorgfältigste eingepasst waren; man vergleiche bei Apparat 1 auf Tafel III Fig. 1 und 2. Damit die Kluppen ferner horizontal im Stuhle liegen, ist an ihrer schrägen unteren Kante je 1 Leiste α angelöthet worden. Nach Abnahme der Deckel werden die Kluppen in dem Stuhle in gewünschter Entfernung eingestellt unter Berücksichtigung, dass nach Auflage des Faserbündels und Festschrauben der Deckel, die Kluppen wegen der Wellenform der Einspannflächen näher zusammenrücken, was von Einfluss auf die schliessliche freie Einspannlänge ist. Die Vorderkanten der Kluppen dürfen sich ferner nicht berühren, weil sonst schon beim Einspannen die Fasern zerrissen werden. Wenn die Regulirschrauben ε der Kluppendeckel richtig eingestellt sind, tritt weder ein Abklemmen der Fasern an der vorderen Kluppenkante, noch ein ungenügendes Festhalten derselben ein, sondern es erfolgt, nachdem die so vorbereiteten Kluppen vorsichtig in den Apparat eingelegt worden sind, der Bruch beim Anspannen stets zwischen den Klemmen, ohne dass sich Fasern unzerrissen herausziehen.

Von der Jutefaser $\dfrac{\mathrm{RB}}{2}$ 1886er Ernte wurden nun schmale Faserbündelchen von 200 mm Länge aus der Mitte geschnitten und gewogen. Dann folgte das weitere Zerschneiden in 2 bis 4 Stückchen, von denen jedes in beschriebener Weise eingespannt und zerrissen wurde. Die Versuche erstreckten sich auf freie Einspannlängen von 50 mm bis 0,5 mm, der geringsten, welche noch mit Sicherheit erreicht werden konnte. Nachdem alsdann der Wassergehalt der Jute festgestellt und die Gewichte der Faserbündelchen auf 10 % Wassergehalt — entsprechend nach der Wassergehaltscurve etwa einer relativen Luftfeuchtigkeit von 51 %, reducirt und dann die metrische Nummer bestimmt war, ergaben sich die in der folgenden Tabelle zusammengestellten Resultate. Des Vergleiches wegen wurde auch guter polnischer Reinhanf in derselben Weise geprüft.

Die Resultate sind die folgenden:

Jute $\frac{RB}{2}$ 1886 mit 10% Wassergehalt.

Versuchs-Nummer	Freie Einspannlänge des Versuchsstückes m/m.	Anzahl der brauchbaren Versuche	Mittel aus den Versuchen		
			Reissbelastung Kilogr.	Metrische Nummer N^{mt}	Reisslänge in Kilometer
1	50	6	2,00	6,986	13,972
2	30	6	2,08	7,200	14,976
3	25	8	3,90	3,927	15,315
4	20	4	4,12	4,502	18,548
5	15	4	4,00	4,819	19,276
6	10	5	4,20	4,780	20,076
7	9,5	6	4,15	4,877	20,239
8	8	4	9,80	2,130	20,874
9	5,5	10	4,81	5,000	24,050
10	3	6	4,30	6,250	26,875
11	1,5	6	6,42	4,510	28,954
12	0,5	10	6,15	5,420	33,330
	Summa	75	Versuche.		

Polnischer Reinhanf mit 6,7% Wassergehalt.

Versuchs-Nummer	Freie Einspannlänge des Versuchsstückes m/m.	Anzahl der brauchbaren Versuche	Mittel aus den Versuchen		
			Reissbelastung Kilogr.	Metrische Nummer N^{mt}.	Reisslänge in Kilometer
1	50	4	5,65	4,807	27,16
2	30	6	6,06	5,000	30,30
3	20	6	5,10	6,441	32,85
4	10	10	7,43	5,507	40,92
5	0,5	4	7,66	6,660	51,02
	Summa	30	Versuche.		

Aus beiden Resultaten ergeben sich die nachstehend verzeichneten Festigkeitskurven für die Hanf- und die Jutefaser.

Fig. 5.

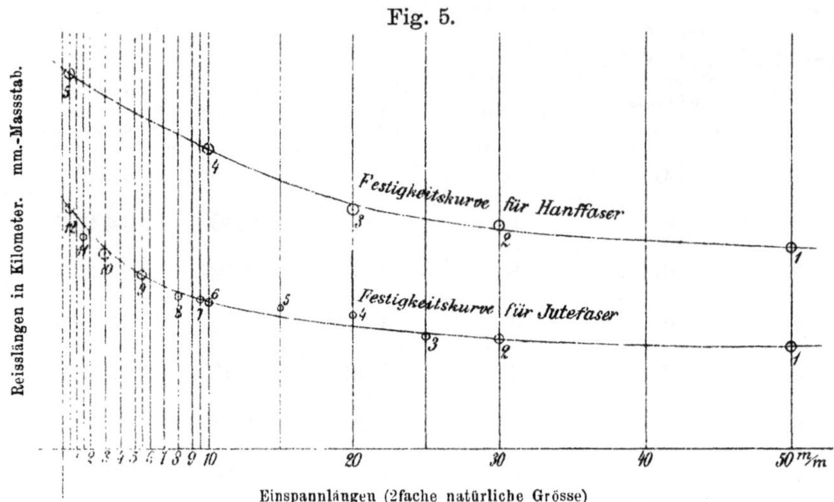

Die **grösste Reisslänge** für die **Einspannlänge** 0 ergiebt sich aus den Diagrammen:

Für die **Jutefaser zu 34,5 Kilometer** und für die **Hanffaser** zu **52 Kilometer**

Wir sehen, dass die Festigkeitskurve für die Hanffaser langsamer als die der Jutefaser ansteigt und hängt dies jedenfalls mit den wesentlich längeren Elementarzellen der ersteren gegenüber der letzteren zusammen.

Wegen der Kleinheit der Elementarzellen der Jutefaser und der Unmöglichkeit dieselben durch Drehung so zu vereinigen, dass jede Zelle auf der anderen im Garne genügende Reibung findet, um nur die Festigkeit der Substanz und nicht etwa auch der Bindesubstanz der einzelnen aneinanderhaftenden Zellen in Betracht ziehen zu müssen, dürfte es angemessen sein, etwa die **Festigkeit der Jutefaser**, wie sie sich bei 10 mm Einspannlänge ergiebt, zum Vergleich zu wählen, während für Hanf wohl die grösste Reisslänge beibehalten werden könnte.

Unter dieser Voraussetzung würde also die **Reisslänge anzunehmen sein:**

Für **Jutefaser mittlerer Sorte** zu **20 Kilometer** (bei 10 mm Einspannlänge).

Für **guten polnischen Reinhanf I. Sorte** zu **52 Kilometer** (bei Einspannlänge = 0).

Die Festigkeit des Hanfes wäre also hiernach ca. 2,6mal so gross als die der Jute. Rechnet man aber auch für Hanf die sich bei 10 mm Einspannlänge ergebende Reisslänge, nämlich 41 Kilometer; so wäre dann die Hanffaser etwa noch einmal so fest als die Jutefaser.

Ich hebe nun ausdrücklich hervor: dass im Handel auch Jutesorten vorkommen, die wesentlich geringere Reisslängen zeigen, weil sie aus irgend einem Grunde, sei es durch Ueberrottung bei der Gewinnung oder infolge nasser Verpackung, oder zu langer Lagerung, gelitten haben. Zur Beurtheilung der wirklichen Eigenschaften können aber nur gesunde unverdorbene Fasern benutzt werden und für diese sind die ermittelten Werte massgebend.

Nimmt man nun das specifische Gewicht der Jutefaser wie ermittelt wurde zu 1,436 an, das des Hanfes etwa zu 1,5, so würde nach der Formel $R \times s = k$ sich der Bruchmodul für 1 qmm ergeben für die Jutefaser zu $k = 20 \times 1,436$ bis $34,5 \times 1,436 = 28,72$ bis 49,54 Kilogr. und für polnischen Reinhanf zu $k = 41 \times 1,5$ bis $52 \times 1,5 = 61,5$ bis 78,0 Kilogr.

Zu der **Untersuchung der Jute-Garne** ist Folgendes zu bemerken. Die starken Jutegarne erlauben einzelne Fäden als Versuchsobjecte zu benutzen. Es wurde meist 700, selten 900 mm Einspannlänge genommen, die relative Feuchtigkeit und Temperatur der Luft notirt und dann die Versuche einer Tafel hinter einander erledigt.

Jeder zerrissene Faden wurde vor dem Ausspannen dicht an den Klemmen abgeschnitten, zusammengeknotet und in ein Becherglas geworfen. Nach Beendung der zusammengehörenden Versuche einer Tafel wurden die Fäden zur Controle gezählt und mit der Zahl der Diagramme verglichen, hierauf abgewogen und auf den Wassergehalt untersucht. Derselbe stimmte natürlich nicht immer mit dem Wassergehalte genau überein, welchen dieselben nach der Wassergehaltstabelle und der Luftfeuchtigkeit während des Experimentes haben sollten, aus schon erwähnten Gründen. Bei der Berechnung der Diagramme wurde zur Bestimmung der metrischen Nummer das Gewicht auf einen Wassergehalt der Faser von 10 % reduzirt (wodurch also fast durchweg niedere Garnnummern, also auch kleinere Reisslängen erhalten wurden, als ohne diese Reduction, die aber durchaus nothwendig erscheint).

Aus den Einzel-Diagrammen wurden die kleinsten Werte, dann die grössten, hierauf der Durchschnitt aus sämmtlichen Versuchen und schliesslich der verbesserte Durchschnitt, beziehentlich der Reissbelastung p mit zugehöriger Dehnung ∂ in mm und in % ausgewählt, oder berechnet, bezeichnet mit den Indexen $_{k, g, s \text{ und } c}$ und aus diesen dann die Reisslänge ermittelt mit Benutzung der metrischen Durchschnittsnummer.

Es ergiebt sich daher, dass das letztere Resultat nur für den Durchschnitt als durchaus zutreffend angesehen werden kann, hingegen für die kleinste Reissbelastung zu kleine und für die grösste zu grosse Werte für die Reisslänge ergeben muss, da die kleinste in der Regel einem durchweg feineren (höhere Nummer) die grösste einem gröberen Faden (niedere Nummer) als dem Durchschnitte entspricht. Der berechneten grössten und kleinsten Reisslänge lege ich deshalb keinen besonderen Wert bei.

Der sogenannte verbesserte (corrigirte) Durchschnitt ist nach Ausschaltung abnorm kleiner Reissbelastungen nach Prüfung jeder Tafel, die Reisslänge ebenfalls durch Multiplikation der Durchschnittsnummer mit der verbesserten Belastung ermittelt worden. Dies Verfahren erscheint nicht nur zulässig, sondern sogar nothwendig, da bei den Zerreissversuchen alle Momente auf Herabminderung des Resultates und kein einziges auf Erhöhung desselben hinwirkt, während die Aenderung der Durchschnittsnummer durch Weglassung der Gewichte der dünneren Fäden, wegen der im Ganzen zahlreichen Versuche, nur unbedeutend ist.

Unter den Diagrammen wurde endlich ein solches ausgewählt, welches den Werten des verbesserten Durchschnittes am nächsten kommt. Aus diesem allein wurde dann in erwähnter Weise der Völligkeitsgrad und der Arbeitsmodul ermittelt.

Das Diagramm mit der kleinsten und der grössten Reissbelastung, sowie dasjenige, welches dem Durchschnitt und dem verbesserten Durchschnitt am nächsten kommt, wurde auf jeder Tafel durch Schraffirung besonders hervorgehoben.

Auf Diagrammtafel IV ist Diagramm 1 — obgleich fehlerhaft beziehentlich der Dehnung, doch absichtlich beibehalten worden, ebenso diejenigen auf Tafel XIV. Die Diagramme fangen nämlich nicht im Anfange des Coordinatensystems, sondern tiefer an, d. h. die Fäden sind mit zu grosser Anfangsspannung eingespannt worden, zeigen also zu kleine Dehnungen.

Versuchstafeln derselben römischen Nummer gehören stets derselben Garnsorte, ob roh oder geschlichtet, an.

Die Versuchsnummern 7 bis 10 von V^a bis V^d umfassen eine bestimmte Garnsorte, zuerst ungeschlichtet, dann geschlichtet, und endlich beide Sorten stark feucht, erstere mit 28,0 % die andere mit 28,1 % Wassergehalt, um den Einfluss des hygroskopischen Wassers auf die Festigkeit und Dehnung zu untersuchen. Die letzteren Fäden wurden einzeln unter einer über

Wasser stehenden Glasglocke hervorgenommen, möglichst rasch eingespannt und zerrissen. Bei Bestimmung der metrischen Nummer wurde aber nicht das Feuchtgewicht, sondern nur 10% Wassergehalt, wie er für die übrigen Garne in Ansatz kam, in Rechnung gezogen.

Eigenthümlich sind die Diagramme für Zwirn — Versuch 12 — ausgefallen, für welche allerdings nur ein 8 Jahre alter Zwirn mit auffallend geringer Drehung zur Verfügung stand. An der ersten Knickstelle des Diagrammes brach ein Faden und wurde deshalb diese, wie die punktirten Linien bei Diagramm 1 angeben, zur Berechnung herbeigezogen. — Ausser 8 Jahre altem Garne war es auch möglich solches von der Wiener Weltausstellung stammendes, also ca. 13 Jahre altes Garn, hier unter Glas aufbewahrt und nicht dem directen Sonnenlichte ausgesetzt, zu prüfen. Dass die stark verholzte Jutefaser eine Abnahme der Festigkeit in Folge der Einwirkung der Luft und freiwilligen Zersetzung zeigen würde, war vorauszusehen und wurde hier bestätigt. Freilich hätten Angaben über die Festigkeit derselben Garne in frischem Zustande vorliegen müssen, um sichere Vergleiche anstellen zu können. So aber besitzen die Versuche immerhin relativen Wert. Nach Versuch 16 und 17 Diagramm IX^a und IX^b ist auf Apparat 1 ein und dasselbe Garn einmal mit einer stärkeren Feder, dann mit einer schwächeren Feder (2 und 1) untersucht worden.

Die Diagramme mit Apparat II, Versuch 25 Diagramm Tafel XVII, treten mit der Abscissenachse unten auf — wie sie vom Beschauer aus der Apparat zeichnet. — Es wurde nur eine Garnsorte, nämlich 4facher Zwirn, auf demselben geprüft, für welche die Federn des anderen Apparates nicht ausreichten.

Endlich wurde auch noch gehecheltes Jutegarn untersucht und erwartet eine höhere Festigkeit zu erhalten, da ein gründlicheres Ordnen der Fasern dem Spinnprozesse vorausgeht. — Die Versuche haben dies nicht bestätigt; vielleicht ein Zeichen dafür, dass das Spinnen feinerer Nummern unrationell, also etwas ist — das der Faser so zu sagen nicht zukommt oder dass einzelne Arbeitsverrichtungen die Faser vor dem Verspinnen schwächen.

Die Untersuchung der Garne **auf Drehung und durch dieselbe** hervorgebrachte **Contraction,** geschah mittels des Garndrehungszählers von Prof. Lüdicke (beschrieben in Dinglers polyt. Journal 1884 Seite 105). Weitere Consequenzen wurden aber aus diesen Ermittelungen z. Z. nicht gezogen. — Die Resultate sind in der **Haupt-Tabelle (A)** eingetragen worden, welche die sämmtlichen Prüfungsresultate vereinigt.

Bei den folgenden Versuchs-Mittheilungen, sowie in der **Haupt-Tabelle (A)** ist der ursprüngliche Charakter der Garne vorangesetzt worden, die gefundenen Werte folgen.

Untersuchung der Jute-Garne.

Die Tabellen enthalten die mehrmals revidierten Werte der Original-Diagramme.

Die lithographische Wiedergabe der Diagrammtafeln zeigt zwar einige unvermeidliche Abweichungen, doch sind dieselben so äusserst geringfügig, dass sie nicht in Betracht kommen.

Bemerkung. Bei den Festigkeitsuntersuchungen beschrieb der Bleistift in 1 Sekunde ein Kurvenstück von 0,666 bis 0,866 mm Länge. Es entspricht dies einer Geschwindigkeit, welche sich innerhalb der von Prof. Hugo Fischer in Dresden in seinem Aufsatze über: Deutung und Genauigkeit von Festigkeitsdiagrammen in Dinglers polyt. Journ. 1884 Band 251 Seite 337 u. folg. aufgestellten Grenze hält. —

Versuch Nr. 1.

Garn $N^{lea} = 6{,}85$; $N^{lbs} = 7$. Kette ss roh. Untersucht bei 17° C. und 55% rel. Luftfeuchtigkeit.

Versuchslänge 700 mm Apparat Nr. 1.   Feder Nr. 2.
Wassergehalt der Garne 10 % vom Trockengewicht.
Gewicht von $34 \times 0{,}7 = 23{,}8$ m Garn $= 5{,}942$ g
Gewicht bei 10 % Wassergehalt $= 5{,}942$ g

Also $N^{mt} = \dfrac{23{,}8}{5{,}942} = 4{,}005$; $N^{lea} = 6{,}62$; $N^{lbs} = 7{,}25$.

Kleinste Werte nach Diagramm № 18.

$$p_k = 1{,}20\ k; \quad \delta_k = 7{,}80\ mm = 1{,}11\ \% ; \quad R_k = 1{,}20 \times 4{,}005 = 4{,}806\ km$$

Grösste Werte nach Diagramm № 27.

$$p_g = 3{,}00\ k; \quad \delta_g = 19{,}00\ mm = 2{,}71\ \% ; \quad R_g = 3{,}00 \times 4{,}005 = 12{,}015\ km$$

Durchschnitt aus sämmtlichen Werten.

$$p_s = \frac{71{,}21}{34} = 2{,}094\ k; \quad \delta_s = \frac{416{,}25}{34} = 12{,}2\ mm = 1{,}74\ \% ; \quad R_s = 2{,}094 \times 4{,}005 = 8{,}386\ km$$

Diesen Werten steht am nächsten etwa Diagramm Nr. 34.

Durchschnitt nach Ausschaltung von Versuch: 3, 4, 12, 18, 24 und 28.

$$p_c = \frac{62{,}96}{28} = 2{,}25\ k; \quad \delta_c = \frac{373{,}10}{28} = 13{,}32\ mm = 1{,}9\ \% ; \quad R_c = 2{,}25 \times 4{,}005 = 9{,}011\ km$$

№ der Diagramme	p Reissbelastung in klg	δ Bruchdehnung in mm
1	2,05	10,00
2	2,75	15,25
3	1,45	8,50
4	1,30	8,00
5	2,00	11,50
6	2,35	12,50
7	2,15	12,50
8	2,25	11,00
9	2,88	15,75
10	2,70	13,00
11	2,15	10,00
12	1,30	8,60
13	1,70	11,75
14	2,05	11,50
15	1,75	9,20
16	1,90	9,90
17	2,70	13,60
18	1,20	7,80
19	1,90	11,00
20	1,70	11,00
21	2,15	12,00
22	2,40	14,00
23	1,75	12,00

№	p	δ
24	1,45	8,50
25	2,25	14,00
26	2,35	15,50
27	3,00	19,00
28	1,55	11,75
29	1,98	11,75
30	2,50	17,60
31	2,35	14,60
32	2,30	13,00
33	2,90	17,80
34	2,05	12,40
Sa. I	71,21	416,25

Ausgeschaltet:

№	p	δ
3	1,45	8,50
4	1,30	8,00
12	1,30	8,60
18	1,20	7,80
24	1,45	8,50
28	1,55	11,75
Sa. II	8,25	43,15
Sa. I	71,21	416,25
Sa. II	8,25	43,15
Differenz	62,96	373,10

bei 34 — 6 = 28 Versuchen.

Für Diagramm № 25,

welches den Werten p_c und δ_c am nächsten kommt, ist:

$$p'_c = 2{,}25\,^k;\ \delta'_c = 14\,^{mm} = 2{,}0\,^0/_0;\ R'_c = 2{,}25 \times 4{,}005 = 9{,}011\,^{km}$$

Ferner ist nach demselben Diagramm die mittlere Belastung $p'_{mc} = 0{,}9\,^k$; also

$$\eta = \frac{p'_{mc}}{p'_c} = \frac{0{,}9}{2{,}25} = 0{,}40;\ \text{mithin}\ A = 0{,}40\,\frac{9{,}011 \times 2{,}0}{100} = 0{,}07210\,^{mk}$$

Diagramm-Tafel Nr. Iᵃ

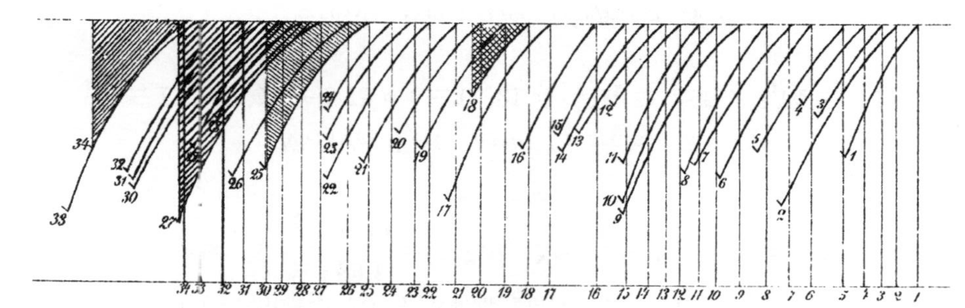

Versuch Nr. 2.

Garn $N^{lea} = 6{,}85$; $N^{lbs} = 7$. Kette ss geschlichtet. Untersucht bei $17{,}5°$ C. und 56% rel. Luftfeuchtigkeit.

Versuchslänge 700 *mm*   Apparat Nr. 1.   Feder Nr. 2.

Wassergehalt der Garne 10 % vom Trockengewicht.

Gewicht von $33 \times 0{,}7 = 23{,}1$ *m* Garn $= 6{,}175$ *g*

Gewicht bei 10 % Wassergehalt $= 6{,}175$ *g*

Also $N^{mt} = \dfrac{23{,}1}{6{,}175} = 3{,}740$; $N^{lea} = 6{,}18$; $N^{lbs} = 7{,}76$.

Kleinste Werte nach Diagramm № 27.

$p_k = 1{,}65$ *k*; $\delta_k = 5{,}75$ *mm* $= 0{,}821$ %; $R_k = 1{,}65 \times 3{,}74 = 6{,}171$ *km*

Grösste Werte nach Diagramm № 6.

$p_g = 3{,}90$ *k*; $\delta_g = 12{,}50$ *mm* $= 1{,}785$ %; $R_g = 3{,}90 \times 3{,}74 = 14{,}586$ *km*

Durchschnitt aus sämmtlichen Werten.

$p_s = \dfrac{92{,}86}{33} = 2{,}81$ *k*; $\delta_s = \dfrac{317{,}2}{33} = 9{,}61$ *mm* $= 1{,}372$ %; $R_s = 2{,}81 \times 3{,}74 = 10{,}510$ *km*

Diesen Werten steht am nächsten Diagramm Nr. 28.

Durchschnitt nach Ausschaltung von Versuch № 1, 20, 24 und 27.

$p_c = \dfrac{85{,}10}{29} = 2{,}93$ *k*; $\delta_c = \dfrac{288{,}20}{29} = 9{,}94$ *mm* $= 1{,}418$ %; $R_c = 2{,}93 \times 3{,}74 = 10{,}958$ *km*

№ der Diagramme	p Reissbelastung in *klg*	δ Bruchdehnung in *mm*
1	2,13	7,20
2	3,00	10,40
3	2,85	9,50
4	2,90	9,50
5	3,12	11,80
6	3,90	12,50
7	2,80	9,50
8	3,18	9,50
9	3,36	10,75
10	2,58	9,20
11	2,38	8,50
12	2,98	11,30
13	3,04	9,90
14	2,49	9,10
15	2,42	8,50
16	3,12	10,50
17	2,38	9,20
18	3,22	11,30
19	2,41	8,50
20	1,98	8,25
21	3,60	10,00
22	2,90	8,50
23	2,45	9,90

№	p	δ
24	2,00	7,80
25	2,29	7,75
26	3,09	10,10
27	1,65	5,75
28	2,81	10,00
29	2,99	9,90
30	2,87	11,00
31	3,49	12,00
32	3,48	10,40
33	3,00	8,80
Sa. I	92,86	317,20

Ausgeschaltet:

№	p	δ
1	2,13	7,20
20	1,98	8,25
24	2,00	7,80
27	1,65	5,75
Sa. II	7,76	29,00

Sa. I	92,86	317,20
Sa. II	7,76	29,00
Differenz	85,10	288,20

bei 33 — 4 = 29 Versuchen.

Für Diagramm № 4,

welches den Werten p_c und δ_c am nächsten kommt, ist:

$$p'_c = 2,90\ k;\quad \delta'_c = 9,5\ mm = 1,35\ \%;\quad R'_c = 2,9 \times 3,74 = 10,846\ km$$

Ferner ist nach demselben Diagramm die mittlere Belastung $p'_{mc} = 1,246\ k$; also

$$\eta = \frac{p'_{mc}}{p'_c} = \frac{1,246}{2,90} = 0,426;\quad \text{mithin}\ A = 0,426\,\frac{10,846 \times 1,35}{100} = 0,06235\ mk$$

Diagramm-Tafel Nr. 1ᵇ

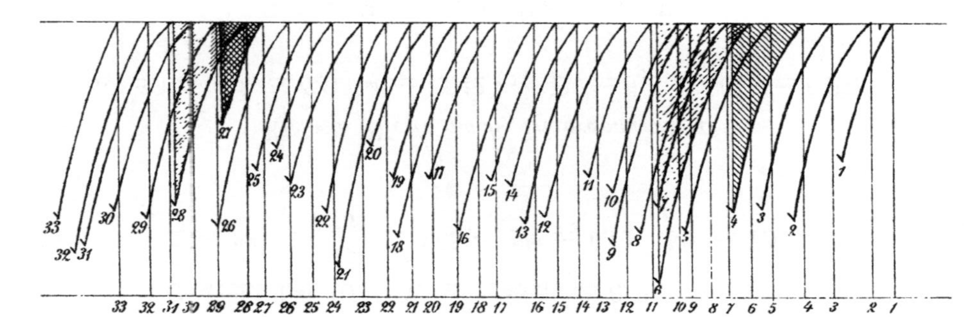

Versuch Nr. 3.

Garn $N^{lea} = 6$; $N^{lbs} = 8$. Kette ss roh. Untersucht bei 17,5° C. und 40 % rel. Luftfeuchtigkeit.

№ der Diagramme	p Reissbelastung in *klg*	δ Bruchdehnung in *mm*
1	2,68	12,50
2	2,40	9,50
3	1,80	9,80
4	2,40	10,30
5	2,95	13,50
6	2,28	10,80
7	2,70	13,30
8	2,60	12,80
9	2,65	12,50
10	2,50	10,00
11	3,09	12,80
12	3,20	13,90
13	3,00	12,10
14	2,61	12,80
15	1,30	8,30
16	3,00	15,00
17	1,30	7,30
18	2,68	11,80
19	3,02	13,50
20	2,28	12,60
21	2,30	12,00
22	2,30	11,80
23	1,60	8,30

Versuchslänge 700 *mm* Apparat Nr. 1. Feder Nr. 2.
Wassergehalt der Garne 7,5 % vom Trockengewicht.
Gewicht von $39 \times 0,7 = 27,3$ *m* Garn $= 6,578\ g$
Gewicht bei 10 % Wassergehalt $= 6,731\ g$

Also $N^{mt} = \dfrac{27,3}{6,731} = 4,056$; $N^{lea} = 6,71$; $N^{lbs} = 7,15$.

Kleinste Werte nach Diagramm № 17.

$p_k = 1,3\ k$; $\delta_k = 7,3\ mm = 1,042\ \%$; $R_k = 1,3 \times 4,056 = 5,273\ km$

Grösste Werte nach Diagramm № 12.

$p_g = 3,2\ k$; $\delta_g = 13,90\ mm = 1,985\ \%$; $R_g = 3,2 \times 4,056 = 12,979\ km$

Durchschnitt aus sämmtlichen Werten.

$p_s = \dfrac{93,97}{39} = 2,409\ k$; $\delta_s = \dfrac{450,1}{39} = 11,54 = 1,648\ \%$; $R_s = 2,409 \times 4,056 = 9,771\ km$

Diesen Werten steht am nächsten etwa Diagramm Nr. 28.

Durchschnitt nach Ausschaltung von Versuch № 15 und 17.

$p_c = \dfrac{91,37}{37} = 2.47\ k$; $\delta_c = \dfrac{434,5}{37} = 11,74\ mm = 1,677\ \%$; $R_c = 2,47 \times 4,056 = 10,02\ km$

№	p	δ
24	2,78	14,00
25	2,95	15,00
26	1,60	8,50
27	2,05	10,50
28	2,40	12,00
29	3,00	14,00
30	2,90	12,00
31	1,60	8,80
32	1,92	10,00
33	2,35	9,50
34	2,28	10,80
35	1,58	8,80
36	3,05	14,50
37	1,84	8,50
38	2,64	12,50
39	2,39	13,50
Sa. I	93,97	450,10

Ausgeschaltet:

№	p	δ
15	1,30	8,30
17	1,30	7,30
Sa. II	2,60	15,60
Sa. I	93,97	450,10
Sa. II	2,60	15,60
Differenz	91,37	434,50

bei 39 — 2 = 37 Versuchen.

Für Diagramm № 10,

welches den Werten p_c und δ_c am nächsten kommt, ist:

$$p'_c = 2{,}5\,k; \quad \delta'_c = 10\,mm = 1{,}42\,\%; \quad R'_c = 2{,}5 \times 4{,}056 = 10{,}140\,km$$

Ferner ist nach demselben Diagramm die mittlere Belastung $p'_{mc} = 1{,}06\,k$; also

$$\eta = \frac{p'_{mc}}{p'_c} = \frac{1{,}06}{2{,}50} = 0{,}424; \quad \text{mithin } A = 0{,}424\,\frac{10{,}14 \times 1{,}42}{100} = 0{,}061050\,mk$$

Für Diagramm № 28 ergiebt sich

$$p'_c = 2{,}4\,k; \quad \delta'_c = 12{,}00\,mm = 1{,}714\,\%; \quad R'_c = 2{,}4 \times 4{,}056 = 9{,}734\,km. \quad \text{Ferner } p'_{mc} = 1{,}13\,k;$$

$$\text{also } \eta = \frac{p'_{mc}}{p'_c} = \frac{1{,}13}{2{,}4} = 0{,}471; \quad \text{also } A = 0{,}471\,\frac{9{,}734 \times 1{,}714}{100} = 0{,}07858\,mk$$

Diagramm-Tafel Nr. II^a

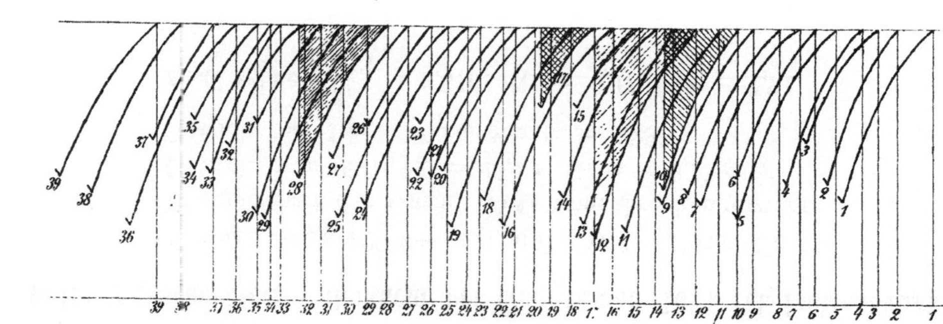

Versuch Nr. 4.

Garn $N^{lea} = 6$; $N^{lbs} = 8$. Kette ss geschlichtet. Untersucht bei 17,5° C. und 40% rel. Luftfeuchtigkeit.

Versuchslänge 700 mm Apparat Nr. 1.   Feder Nr. 2.

Wassergehalt der Garne 7,5 % vom Trockengewicht.

Gewicht von $33 \times 7,0 = 23,1$ m Garn $= 6,15$ g

Gewicht bei 10 % Wassergehalt $= 6,293$ g

Also $N^{mt} = \dfrac{23,1}{6,293} = 3,670$; $N^{lea} = 6,07$; $N^{lbs} = 7,91$.

№ der Diagramme	p Reissbelastung in *klg*	δ Bruchdehnung in *mm*
1	2,50	12,0
2	3,65	15,0
3	3,00	13,9
4	2,16	11,0
5	2,35	10,0
6	2,70	10,0
7	3,10	9,4
8	3,00	12,5
9	3,50	16,2
10	3,15	10,5
11	2,28	9,6
12	3,12	12,0
13	2,50	10,0
14	2,65	12,2
15	2,47	10,0
16	2,88	10,0
17	2,88	12,0
18	3,90	12,5
19	3,28	12,2
20	3,88	13,0
21	3,30	11,9
22	3,25	11,0
23	2,12	8,0

Kleinste Werte nach Diagramm № 30.

$$p_k = 2,1\,k; \quad \delta_k = 9,2\,mm = 1,314\,\%; \quad R_k = 2,1 \times 3,67 = 7,707\,km$$

Grösste Werte nach Diagramm № 18.

$$p_g = 3,90\,k; \quad \delta_g = 12,5\,mm = 1,785\,\%; \quad R_g = 3,9 \times 3,67 = 14,313\,km$$

Durchschnitt aus sämmtlichen Werten.

$$p_s = \frac{98,09}{33} = 2,97\,k; \quad \delta_s = \frac{379,9}{33} = 11,5\,mm = 1,642\,\%; \quad R_s = 2,97 \times 3,67 = 10,900\,km$$

Diesen Werten steht am nächsten etwa Diagramm Nr. 17.

Durchschnitt nach Ausschaltung von Versuch № 4, 23 und 30.

$$p_c = \frac{91,71}{30} = 3,06\,k; \quad \delta_c = \frac{351,7}{50} = 11,72\,mm = 1,67\,\%; \quad R_c = 3,06 \times 3,67 = 11,230\,km$$

24	3,50	13,0
25	2,68	9,0
26	3,25	12,5
27	2,63	9,0
28	2,25	8,5
29	3,10	13,2
30	2,10	9,2
31	3,40	13,8
32	3,76	13,0
33	3,80	13,8
Sa. I	98,09	379,9

Ausgeschaltet:

№	p	δ
4	2,16	11,0
23	2,12	8,0
30	2,10	9,2
Sa. II	6,38	28,2
Sa. I	98,09	379,9
Sa. II	6,38	28,2
Differenz	91,71	351,7

bei 33 — 3 = 30 Versuchen.

Für Diagramm № 12,

welches den Werten p_c und δ_c am nächsten kommt, ist:

$$p'_c = 3,12\,{}^k; \quad \delta'_c = 12,0\,{}^{mm} = 1,714\,{}^0\!/_0; \quad R'_c = 3,12 \times 3,67 = 11,450\,{}^{km}$$

Ferner ist nach demselben Diagramm die mittlere Belastung $p'_{mc} = 1,50\,{}^k$; also

$$\eta = \frac{p'_{mc}}{p'_c} = \frac{1,50}{3,12} = 0,480; \quad \text{mithin } A = 0,480\,\frac{11,45 \times 1,714}{100} = 0,09420\,{}^{mk}$$

Diagramm-Tafel Nr. II^{b}

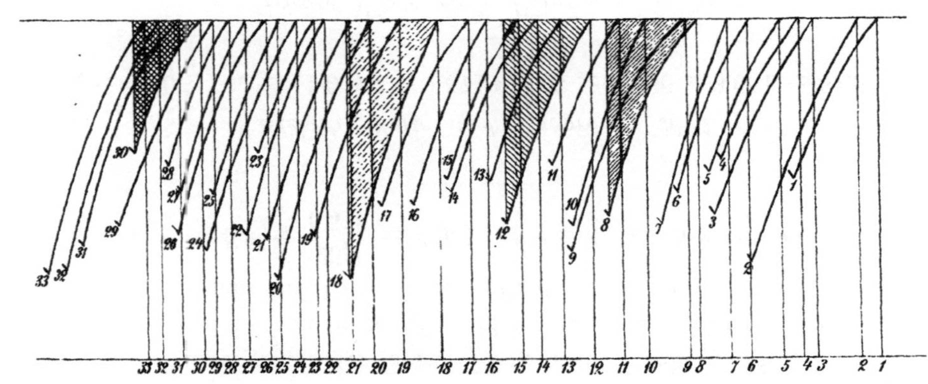

Versuch Nr. 5.

Garn $N^{lea} = 6$; $N^{lbs} = 8$. Kette ss roh. Untersucht bei 17,5° C. und 40% rel. Luftfeuchtigkeit.

Versuchslänge 700 mm Apparat Nr. 1.   Feder Nr. 2.

Wassergehalt der Garne 7,5 % vom Trockengewicht.

Gewicht von $34 \times 0,7 = 23,8$ m Garn $= 6,370$ g

Gewicht bei 10 % Wassergehalt $= 6,518$ g

Also $N^{mt} = \dfrac{23,8}{6,518} = 3,651$; $N^{lea} = 6,04$; $N^{lbs} = 7,95$.

Kleinste Werte nach Diagramm № 1.

$p_k = 1,66$ k; $\delta_k = 11,0$ $mm = 1.571$ %; $R_k = 1,66 \times 3,651 = 6,060$ km

Grösste Werte nach Diagramm № 10.

$p_g = 3,60$ k; $\delta_g = 18,0$ $mm = 2,57$ %; $R_g = 3,60 \times 3,651 = 13,143$ km

Durchschnitt aus sämmtlichen Werten.

$p_s = \dfrac{87,98}{34} = 2,589$ k; $\delta_s = \dfrac{446,7}{34} = 13,14$ $mm = 1,877$ %; $R_s = 2,589 \times 3,651 = 9,452$ km

Diesen Werten steht am nächsten etwa Diagramm Nr. 29.

Durchschnitt nach Ausschaltung von Versuch № 1, 18, 24 und 28

$p_c = \dfrac{81,18}{30} = 2,70$ k; $\delta_c = \dfrac{409,7}{30} = 13,65$ $mm = 1,95$ %; $R_c = 2,70 \times 3,651 = 9,858$ km

№ der Diagramme	p Reissbelastung in klg	δ Bruchdehnung in mm
1	1,66	11,0
2	2,45	14,6
3	3,04	17,8
4	2,18	12,5
5	3,11	17,1
6	3,52	18,0
7	2,99	16,9
8	2,98	16,8
9	2,80	16,0
10	3,60	18,0
11	2,26	12,0
12	2,30	12,2
13	2,05	12,7
14	3,05	17,8
15	3,07	17,5
16	2,06	12,2
17	2,00	13,4
18	1,71	10,0
19	2,78	14,2
20	1,90	10,5
21	1,90	11,0
22	1,90	8,4
23	3,05	11,5

№	p	δ
24	1,71	7,9
25	3,30	14,1
26	3,38	13,8
27	3,00	13,0
28	1,72	8,1
29	2,63	10,0
30	1,85	7,5
31	3,40	15,8
32	3,15	13,2
33	2,48	9,2
34	3,00	12,0
Sa. I	87,98	446,7

Ausgeschaltet:

№	p	δ
1	1,66	11,0
18	1,71	10,0
24	1,71	7,9
28	1,72	8,1
Sa. II	6,80	37,0
Sa. I	87,98	446,7
Sa. II	6,80	37,0
Differenz	81,18	409,7

bei 34 — 4 = 30 Ver-
suchen.

Für Diagramm № 19,

welches den Werten p_c und δ_c am nächsten kommt, ist:

$$p'_c = 2{,}78\,k; \quad \delta'_c = 14{,}2\,mm = 2{,}03\,\%; \quad R'_c = 2{,}78 \times 3{,}651 = 10{,}150\,km$$

Ferner ist nach demselben Diagramm die mittlere Belastung $p'_{mc} = 1{,}15\,k$; also

$$\eta = \frac{p'_{mc}}{p'_c} = \frac{1{,}15}{2{,}78} = 0{,}414; \quad \text{mithin } A = 0{,}414\,\frac{10{,}15 \times 2{,}03}{100} = 0{,}08530\,mk$$

Diagramm-Tafel Nr. III

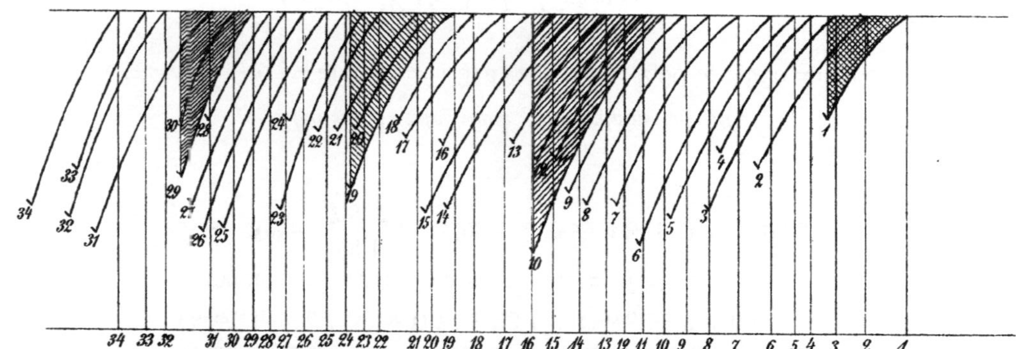

Versuch Nr. 6.

Garn $N^{lea} = 4$. $N^{lbs} = 12$.   Kette ss roh.   Untersucht bei 17,5 ° C. und 30 % rel. Luftfeuchtigkeit.

№ der Diagramme	p Reissbelastung in *klg*	∂ Bruchdehnung in *mm*
1	4,02	11,1
2	2,90	12,3
3	4,13	15,0
4	3,20	12,0
5	3,05	11,0
6	2,88	9,0
7	3,40	12,0
8	3,70	13,2
9	3,75	12,5
10	3,40	11,9
11	2,71	10,8
12	2,92	10,2
13	3,87	13,0
14	3,49	10,9
15	2,93	10,4
16	3,00	11,7
17	4,12	13,9
18	3,59	11,2
19	3,12	10,3
20	4,01	13,6
21	3,28	11,4
22	3,00	11,1
23	3,49	11,9

Versuchslänge 700 *mm*   Apparat Nr. 1.   Feder Nr. 2.

Wassergehalt der Garne 6 % vom Trockengewicht.

Gewicht von $33 \times 0{,}7 = 23{,}1$ *m* Garn $= 7{,}610$ *g*

Gewicht bei 10 % Wassergehalt $= 7{,}897$ *g*

Also $N^{mt} = \dfrac{23{,}1}{7{,}897} = 2{,}925$; $N^{lea} = 4{,}84$; $N^{lbs} = 9{,}93$.

Kleinste Werte nach Diagramm № 26.

$$p_k = 2{,}60\,k; \quad \partial_k = 9{,}2\ mm = 1{,}314\,\%; \quad R_k = 2{,}60 \times 2{,}925 = 7{,}605\ km$$

Grösste Werte nach Diagramm № 3.

$$p_g = 4{,}13\,k; \quad \partial_g = 15{,}0\ mm = 2{,}142\,\%; \quad R_g = 4{,}13 \times 2{,}925 = 12{,}080\ km$$

Durchschnitt aus sämmtlichen Werten.

$$p_s = \frac{113{,}84}{33} = 3{,}45\,k; \quad \partial_s = \frac{392{,}6}{33} = 11{,}89\ mm = 1{,}698\,\%; \quad R_s = 3{,}45 \times 2{,}925 = 10{,}091\ km$$

Diesen Werten steht am nächsten etwa Diagramm Nr. 23.

Durchschnitt nach Ausschaltung von Versuch № 11 und 26.

$$p_c = \frac{108{,}53}{31} = 3{,}50\,k; \quad \partial_c = \frac{372{,}6}{31} = 12{,}01\ mm = 1{,}715\,\%; \quad R_c = 3{,}50 \times 2{,}925 = 10{,}237\ km$$

№	p	δ
24	4,10	13,8
25	3,80	13,2
26	2,60	9,2
27	4,12	13,9
28	3,51	11,5
29	3,74	12,4
30	3,50	12,0
31	3,52	11,8
32	3,50	13,0
33	3,49	11,4
Sa. I	113,84	392,6

Ausgetchaltet:

№	p	δ
11	2,71	10,8
26	2,60	9,2
Sa. II	5,31	20,0
Sa. I	113,84	392,6
Sa. II	5,31	20,0
Differenz	108,53	372,6

bei 33 — 2 = 31 Versuchen.

Für Diagramm № 30,

welches den Werten p_c und δ_c am nächsten kommt, ist

$$p'_c = 3{,}50\,k; \quad \delta'_c = 12{,}0\,mm = 1{,}714\,\%; \quad R'_c = 3{,}50 \times 2{,}925 = 10{,}237\,km$$

Ferner ist nach demselben Diagramm die mittlere Belastung $p'_{mc} = 1{,}492\,k$; also

$$\eta = \frac{p'_{mc}}{p'_c} = \frac{1{,}492}{3{,}50} = 0{,}426; \quad \text{mithin } A = 0{,}426\,\frac{10{,}237 \times 1{,}714}{100} = 0{,}07475\,mk$$

Diagramm-Tafel Nr. IV

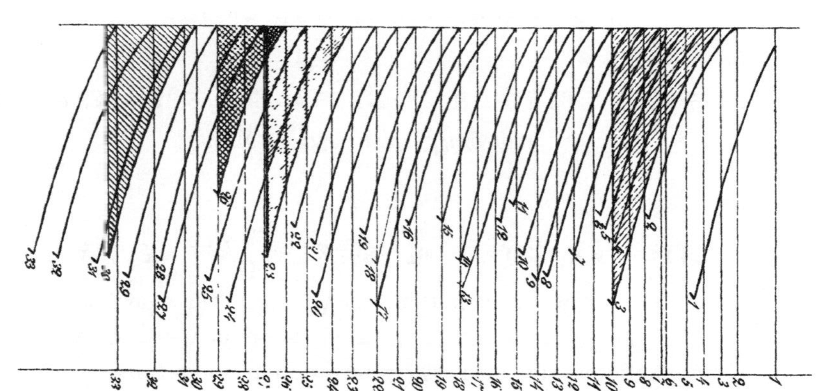

Versuch Nr. 7.

Garn $N^{lea} = 4$; $N^{lbs} = 12$. Kette ss roh. Untersucht bei 18,75 ° C. und 36%/₀ rel. Luftfeuchtigkeit.

№ der Diagramme	p Reiss-be-lastung in *klg*	δ Bruch-deh-nung in *mm*
1	3,80	12,2
2	3,58	14,2
3	3,21	13,7
4	3,20	13,9
5	3,75	13,0
6	3,78	14,0
7	4,28	17,0
8	4,45	20,2
9	3,98	18,8
10	2,95	13,6
11	3,28	15,5
12	3,61	14,9
13	2,80	13,0
14	4,58	17,0
15	3,70	15,5
16	3,20	17,1
17	3,50	18,8
18	3,95	16.0
19	4,60	14,5
20	3,51	17,1

Versuchslänge 700 *mm* Apparat Nr. 1. Feder Nr. 2.

Wassergehalt der Garne 10%/₀ vom Trockengewicht.

Gewicht von $30 \times 0,7 = 21$ *m* Garn $= 8,630$ *g*

Gewicht bei 10%/₀ Wassergehalt $= 8,630$ *g*

Also $N^{mt} = \dfrac{21}{8,63} = 2,433$; $N^{lea} = 4,02$; $N^{lbs} = 11,93$.

Kleinste Werte nach Diagramm № 29.

$$p_k = 2,63\,^k; \quad \delta_k = 11,9\,^{mm} = 1,7\,\%/_0; \quad R_k = 2,63 \times 2,433 = 6,398\,^{km}$$

Grösste Werte nach Diagramm № 19.

$$p_g = 4,60\,^k; \quad \delta_g = 14,5\,^{mm} = 2,071\,\%/_0; \quad R_g = 4,60 \times 2,433 = 11,192\,^{km}$$

Durchschnitt aus sämmtlichen Werten.

$$p_s = \frac{108,57}{30} = 3,62\,^k; \quad \delta_s = \frac{453,7}{30} = 15,12\,^{mm} = 2,16\,\%/_0; \quad R_s = 3,62 \times 2,433 = 8,807\,^{km}$$

Diesen Werten steht am nächsten etwa Diagramm Nr. 12.

Durchschnitt nach Ausschaltung von Versuch № 13, 29 und 30.

$$p_c = \frac{100,51}{27} = 3,72\,^k; \quad \delta_c = \frac{415,9}{27} = 15,40\,^{mm} = 2,2\,\%/_0; \quad R_c = 3,72 \times 2,433 = 9,050\,^{km}$$

21	3,41	16,5
22	3,30	14,5
23	3,47	17,9
24	4,15	14,4
25	3,70	13,4
26	3,57	12,2
27	4,00	13,2
28	4,00	16,8
29	2,63	11,9
30	2,63	12,9
Sa. I	108,57	453,7

Ausgeschaltet:

№	p	δ
13	2,80	13,0
29	2,63	11,9
30	2,63	12,9
Sa. II	8,06	37,8
Sa. I	108,57	453,7
Sa. II	8,06	37,8
Differenz	100,51	415,9

bei 30 — 3 = 27 Ver-
suchen.

Für Diagramm № 15,

welches den Werten p_c und δ_c am nächsten kommt, ist:

$$p'_c = 3,70\ ^k;\quad \delta'_c = 15,5\ ^{mm} = 2,21\ ^0/_0;\quad R'_c = 3,70 \times 2,433 = 9,002\ ^{km}$$

Ferner ist nach demselben Diagramm die mittlere Belastung $p'_{mc} = 1,55\ ^k$;   also

$$\eta = \frac{p'_{mc}}{p'_c} = \frac{1,55}{3,70} = 0,419;\quad \text{mithin A} = 0,419\ \frac{9,002 \times 2,21}{100} = 0,08336\ ^{mk}$$

Diagramm-Tafel Nr. Vᵃ

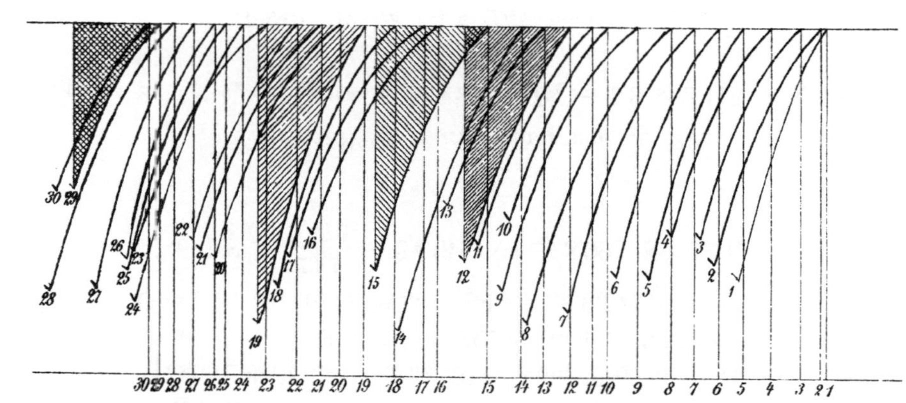

Versuch Nr. 8.

Garn $N^{lea} = 4$; $N^{lbs} = 12$. Kette ss geschlichtet. Untersucht bei 20 ° C. und 54 % rel. Luftfeuchtigkeit.

Versuchslänge 700 mm Apparat Nr. 1.   Feder Nr. 2.

Wassergehalt der Garne 10 % vom Trockengewicht.

Gewicht von $33 \times 0{,}7 = 23{,}1$ m Garn $= 9{,}572\ g$

Gewicht bei 10 % Wassergehalt $= 9{,}572\ g$

Also $N^{mt} = \dfrac{23{,}1}{9{,}572} = 2{,}413$; $N^{lea} = 3{,}99$; $N^{lbs} = 12{,}04$.

Kleinste Werte nach Diagramm № 22.

$p_k = 2{,}9\ k$; $\delta_k = 8{,}7\ mm = 1{,}242\ \%$; $R_k = 2{,}9 \times 2{,}413 = 6{,}998\ km$

Grösste Werte nach Diagramm № 11.

$p_g = 6{,}16\ k$; $\delta_g = 15{,}8\ mm = 2{,}257\ \%$; $R_g = 6{,}16 \times 2{,}413 = 14{,}864\ km$

Durchschnitt aus sämmtlichen Werten.

$p_s = \dfrac{150{,}03}{33} = 4{,}54\ k$; $\delta_s = \dfrac{443{,}8}{33} = 13{,}45\ mm = 1{,}92\ \%$; $R_s = 4{,}54 \times 2{,}413 = 10{,}955\ km$

Diesen Werten steht am nächsten etwa Diagramm Nr. 14.

Durchschnitt nach Ausschaltung von Versuch № 2, 22 und 30.

$p_c = \dfrac{140{,}54}{30} = 4{,}68\ k$; $\delta_c = \dfrac{412{,}9}{30} = 13{,}76\ mm = 1{,}965\ \%$; $R_c = 4{,}68 \times 2{,}413 = 11{,}293\ km$

№ der Diagramme	p Reissbelastung in klg	δ Bruchdehnung in mm
1	5,00	13,9
2	3,59	10,8
3	4,90	15,4
4	4,30	13,0
5	4,70	14,2
6	4,40	15,0
7	4,92	15,1
8	4.64	12,9
9	4,75	14,0
10	4,80	14,8
11	6,16	15,8
12	4,01	13,0
13	5.35	14,2
14	4,50	13,5
15	5,55	16,5
16	3,60	13,8
17	4,20	12,8
18	4,51	12,9
19	5,18	15,0
20	4,20	12,1
21	4,80	11,0
22	2,90	8,7
23	4,80	11,1

№		
24	4,70	15,8
25	4,85	14,1
26	4,50	12,5
27	4,40	15,1
28	4,20	14,4
29	5,02	14,0
30	3,00	11,4
31	4,35	11,0
32	4,45	12,5
33	4,80	13,5
Sa. I	150,03	443,8

Ausgeschaltet:

№	p	δ
2	3,59	10,8
22	2,90	8,7
30	3,00	11,4
Sa. II	9,49	30,9
Sa. I	150,03	443,8
Sa. II	9,49	30,9
Differenz	140,54	412,9

bei $33 - 3 = 30$ Versuchen.

Für Diagramm № 5,

welches den Werten p_c und δ_c am nächsten kommt, ist

$$p'_c = 4{,}70\,k; \quad \delta'_c = 14{,}2\,mm = 2{,}02\,\%; \quad R'_c = 4{,}70 \times 2{,}413 = 11{,}341\,km$$

Ferner ist nach demselben Diagramm die mittlere Belastung $p'_{mc} = 1{,}955\,k$; also

$$\eta = \frac{p'_{mc}}{p'_c} = \frac{1{,}955}{4{,}70} = 0{,}416; \quad \text{mithin } A = 0{,}416\,\frac{11{,}341 \times 2{,}02}{100} = 0{,}9530\,mk$$

Diagramm-Tafel Nr. V^{b}

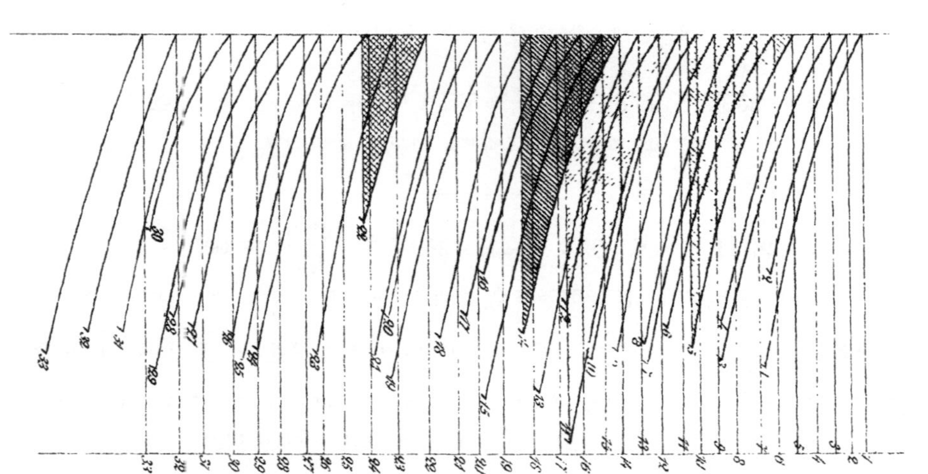

Versuch Nr. 9.

Garn $N^{lea} = 4$; $N^{lbs} = 12$. Kette ss roh. Untersucht bei 28% Wassergehalt.

Versuchslänge 700 *mm* Apparat Nr. 1. Feder Nr. 2. Trockengewicht von 28 *m* Garn 9,703 *g*; vor dem Zerreissen wogen sie 12,420 *g*; beim Zerreissen betrug also der Wassergehalt der Garne: $\frac{12,420}{9,703} = 1,280$ oder 28% vom Trockengewicht. Gewicht bei 10 % Wassergehalt 10,674 *g*; also

$$N^{mt} = \frac{28}{10,674} = 2,623; \quad N^{lea} = 4,36; \quad N^{lbs} = 11,06.$$

№ der Diagramme	p Reissbelastung in *klg*	δ Bruchdehnung in *mm*
1	3,38	13,0
2	3,68	13,4
3	5,00	16,8
4	4,39	15,5
5	4,21	14,9
6	3,69	15,9
7	3,58	16,0
8	3,85	17,9
9	3,43	15,5
10	3,90	16,0
11	3,21	15,8
12	3,50	14,9
13	3,70	13,8
14	4,55	18,9
15	4,18	16,1
16	4,25	14,5
17	2,70	13,5
18	3,51	14,9
19	3,51	16,2
20	2,55	12,1
21	4,80	20,0

Kleinste Werte nach Diagramm № 20.

$$p_k = 2,55\ ^k; \quad \delta_k = 12,1\ mm = 1,728\ \%; \quad R_k = 2,55 \times 2,623 = 6,688\ ^{km}$$

Grösste Werte nach Diagramm № 23.

$$p_g = 5,50\ ^k; \quad \delta_g = 21,8\ mm = 3,11\ \%; \quad R_g = 5,5 \times 2,623 = 14,426\ ^{km}$$

Durchschnitt aus sämmtlichen Werten.

$$p_s = \frac{117,05}{31} = 3,77\ ^k; \quad \delta_s = \frac{473,5}{31} = 15,24\ mm = 2,178\ \%; \quad R_s = 3,17 \times 2,623 = 9,889\ ^{km}$$

Diesen Werten steht am nächsten etwa Diagramm Nr. 13.

Durchschnitt nach Ausschaltung von Versuch № 17, 20 und 22.

$$p_c = \frac{109,20}{28} = 3,9\ ^k; \quad \delta_c = \frac{433,1}{28} = 15,49\ mm = 2,213\ \%; \quad R_c = 3,9 \times 2,623 = 10,230\ ^{km}$$

№	p	δ
22	2,60	14,8
23	5,50	21,8
24	3,51	14,1
25	3,51	12,0
26	3,51	12,8
27	3,10	15,0
28	4,60	15,0
29	4,75	16,5
30	3,40	14,7
31	3,00	11,2
Sa. I	117,05	473,5

Ausgeschaltet:

№	p	δ
17	2,70	13,5
20	2,55	12,1
22	2,60	14,8
Sa. II	7,85	40,4
Sa. I	117,05	473,5
Sa. II	7,85	40,4
Differenz	109,20	433,1

bei 31 — 3 = 28 Versuchen.

Für Diagramm № 10,

welches den Werten p_c und δ_c am nächsten kommt, ist

$$p'_c = 3{,}90\,^k;\quad \delta'_c = 16{,}0\,^{mm} = 2{,}285\,\%;\quad R'_c = 3{,}9 \times 2{,}623 = 10{,}939\,^{km}$$

Ferner ist nach demselben Diagramm die mittlere Belastung $p'_{mc} = 1{,}436\,^k$; also

$$\eta = \frac{p'_{mc}}{p'_c} = \frac{1{,}436}{3{,}9} = 0{,}368;\quad \text{mithin } A = 0{,}368\,\frac{10{,}939 \times 2{,}285}{100} = 0{,}08602\,^{mk}$$

Diagramm-Tafel Nr. V^c

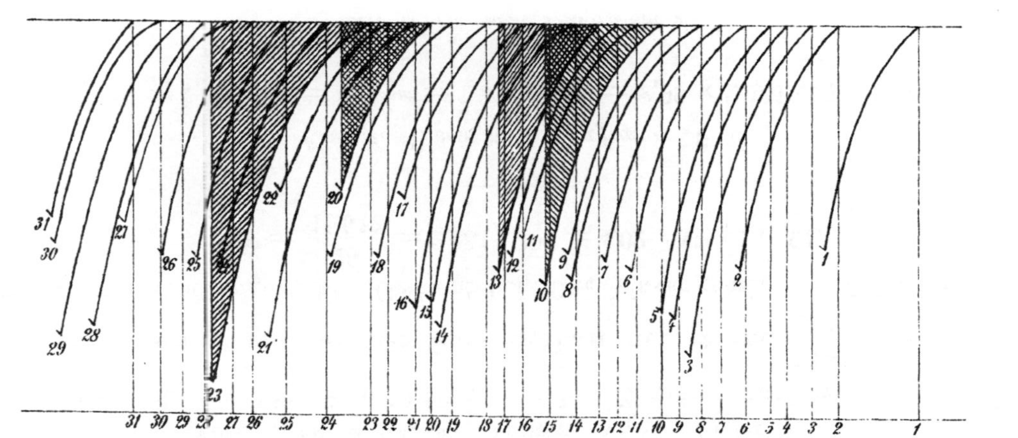

Versuch Nr. 10.

Garn $N^{lea} = 4$; $N^{lbs} = 12$. Kette ss geschlichtet. Untersucht bei 28,1% Wassergehalt.

Versuchslänge 700 *mm*   Apparat Nr. 1.   Feder Nr. 2.

Trockengewicht von 28 *m* Garn 10,470 *g*; vor dem Zerreissversuch wogen sie 13,413 *g*; beim Zerreissen betrug also der Wassergehalt der Garne $\frac{13,413}{10,470} = 1,281$ oder 28,1% vom Trockengewicht.   Gewicht bei 10% Wassergehalt $= 11,517$ *g*; also

$$N^{mt} = \frac{28}{11,517} = 2,431; \quad N^{lea} = 4,02; \quad N^{lbs} = 11,94.$$

Kleinste Werte nach Diagramm № 5.

$$p_k = 2,99\,k; \quad \delta_k = 9,5\,mm = 1,36\%; \quad R_k = 2,99 \times 2,431 = 7,268\,km$$

Grösste Werte nach Diagramm № 1.

$$p_g = 6,68\,k; \quad \delta_g = 22,5\,mm = 3,21\%; \quad R_g = 6,68 \times 2,431 = 16,239\,km$$

Durchschnitt aus sämmtlichen Werten.

$$p_s = \frac{141,58}{33} = 4,29\,k; \quad \delta_s = \frac{394,4}{33} = 11,98\,mm = 1,71\%; \quad R_s = 4,29 \times 2,431 = 10,429\,km$$

Diesen Werten steht am nächsten etwa Diagramm Nr. 2.

Durchschnitt nach Ausschaltung von Versuch № 5, 13, 15, 20 und 33.

$$p_c = \frac{126,27}{28} = 4,51\,k; \quad \delta_c = \frac{336,1}{28} = 12,0\,mm = 1,71\%; \quad R_c = 4,51 \times 2,431 = 10,964\,km$$

№ der Diagramme	p Reissbelastung in *klg*	δ Bruchdehnung in *mm*
1	6,68	22,5
2	4,40	14,8
3	4,10	14,0
4	5,30	15,1
5	2,99	9,5
6	5,70	17,5
7	5,02	16,5
8	4,63	16,0
9	3,85	12,0
10	3,87	15,0
11	4,97	15,1
12	3,65	15,3
13	3,05	15,3
14	3,95	15,1
15	3,12	11,0
16	4,40	17,5
17	5,40	18,9
18	4,50	14,5
19	4,42	13,0
20	3,10	14,0
21	5,30	18,5
22	4,75	14,0
23	4,47	16,5

№	p	δ
24	5,00	15,5
25	3,31	13,6
26	4,80	15,1
27	4,95	16,5
28	4,20	17,0
29	3,80	15,0
30	3,44	12,6
31	3,50	13,0
32	3,91	15,0
33	3,05	8,5
Sa. I	141,58	394,4

Ausgeschaltet:

№	p	δ
5	2,99	9,5
13	3,05	15,3
15	3,12	11,0
20	3,10	14,0
33	3,05	8,5
Sa. II	15,31	58,3
Sa. I	141,58	394,4
Sa. II	15,31	58,3
Differenz	126,27	336,1

bei 33 — 5 = 28 Versuchen.

Für Diagramm № 18,

welches den Werten p_c und δ_c am nächsten kommt, ist

$$p'_c = 4,50\ k;\quad \delta'_c = 14,5\ mm = 2,07\ \%;\quad R'_c = 4,5 \times 2,431 = 10,939\ km$$

Ferner ist nach demselben Diagramm die mittlere Belastung $p'_{mc} = 1,906\ k$; also

$$\eta = \frac{p'_{mc}}{p'_c} = \frac{1,906}{4,50} = 0,423;\quad \text{mithin } A = 0,423\,\frac{10,939 \times 2,07}{100} = 0,09578\ mk$$

Diagramm-Tafel Nr. V^d

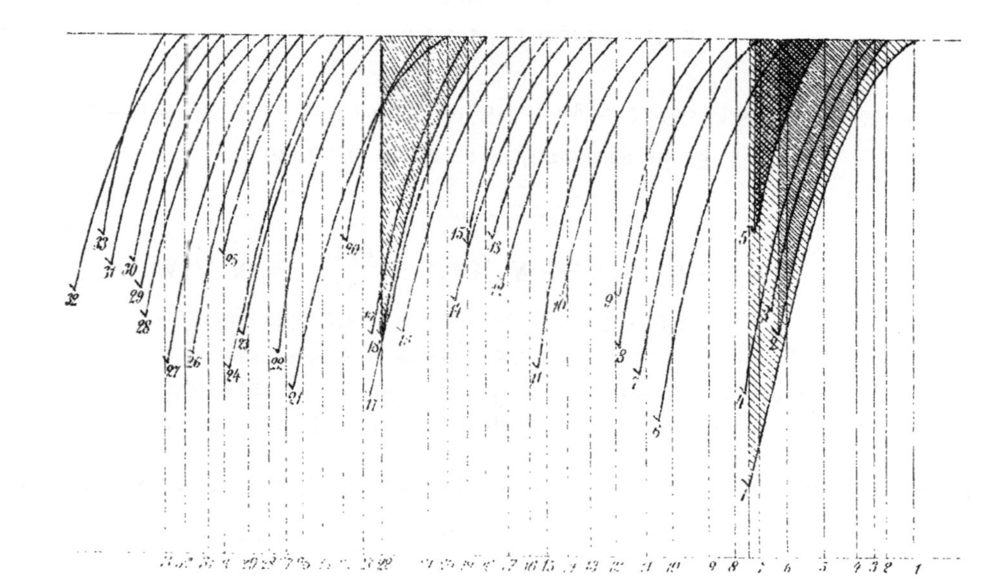

Versuch Nr. 11.

8 Jahre altes Garn $N^{lea} = 6$; $N^{lbs} = 8$. Kette ss roh. Untersucht bei $20°$ C. und $45°/\!_0$ rel. Luftfeuchtigkeit.

Versuchslänge 900 *mm* Apparat Nr. 1. Feder Nr. 2.
Wassergahalt der Garne 8,5 % vom Trockengewicht.
Gewicht von 20 × 0,9 = 18,0 *m* Garn = 5,070 *g*
Gewicht bei 10 % Wassergehalt = 5,140 *g*

Also $N^{mt} = \dfrac{18}{5,140} = 3,502$; $N^{lea} = 5,79$; $N^{lbs} = 8,29$.

№ der Diagramme	p Reiss-be-lastung in *klg*	∂ Bruch-deh-nung in *mm*
1	1,80	16,5
2	3,35	21,0
3	2,50	16,5
4	2,80	20,0
5	2,61	14,0
6	2,90	20,0
7	2,55	17,2
8	2,40	17,5
9	2,85	20,0
10	2,50	15,5
11	2,19	15,0
12	2,50	15,4
13	1,80	14,5
14	2,55	17,0
15	2,00	13,5
16	2,05	15,8

Kleinste Werte nach Diagramm № 19.

$p_k = 1,80 \; k$; $\partial_k = 13,4 \; mm = 1,488 \%$; $R_k = 1,80 \times 3,502 = 6,303 \; km$

Grösste Werte nach Diagramm № 2.

$p_g = 3,35 \; k$; $\partial_g = 21,0 \; mm = 2,33 \%$; $R_g = 3,35 \times 3,502 = 11,732 \; km$

Durchschnitt aus sämmtlichen Werten.

$p_s = \dfrac{48,6}{20} = 2,43 \; k$; $\partial_s = \dfrac{333,8}{20} = 16,69 \; mm = 1,85 \%$; $R_s = 2,43 \times 3,502 = 8,510 \; km$

Diesen Werten steht am nächsten etwa Diagramm Nr. 8.

Durchschnitt nach Ausschaltung von Versuch № 1, 13 und 19.

$p_c = \dfrac{43,20}{17} = 2,54 \; k$; $\partial_c = \dfrac{289,4}{17} = 17,02 \; mm = 1,89 \%$; $R_c = 2,54 \times 3,502 = 8,895 \; km$

№	p	δ
17	2,10	17,0
18	2,95	19,0
19	1,80	13,4
20	2,40	15,0
Sa. I	48,60	333,8

Ausgeschaltet:

№	p	δ
1	1,80	16,5
13	1,80	14,5
19	1,80	13,4
Sa. II	5,40	44,4
Sa. I	48,60	333,8
Sa. II	5,40	44,4
Differenz	43,20	289,4

bei $20 - 3 = 17$ Versuchen.

Für Diagramm № 7,

welches den Werten p_c und δ_c am nächsten kommt, ist

$$p'_c = 2,55\ ^k;\quad \delta'_c = 17,2\ ^{mm} = 1,91\ \%;\quad R'_c = 2,55 \times 3,502 = 8,930\ ^{km}$$

Ferner ist nach demselben Diagramm die mittlere Belastung $p'_{mc} = 1,05\ ^k;$ also

$$\eta_l = \frac{p'_{mc}}{p'_c} = \frac{1,05}{2,55} = 0,411;\quad \text{mithin } A = 0,411\ \frac{8,93 \times 1,91}{100} = 0,07010\ ^{mk}$$

Diagramm-Tafel Nr. VI

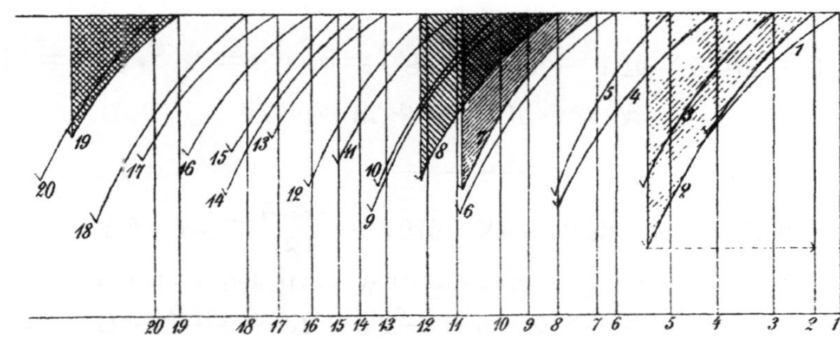

Versuch Nr. 12.

8 Jahre altes Garn N^{lea} = fehlt; N^{lbs} = fehlt. Zwirn 2fach, weiss u. grau. Untersucht bei 17,5° C. u. 42°/₀ rel. Luftfeuchtigkeit.

Versuchslänge 700 mm Apparat Nr. 1.   Feder Nr. 2.

Wassergehalt der Garne 8°/₀ vom Trockengewicht.

Gewicht von $27 \times 0,7 = 18,9$ m Zwirn $= 9,055$ g;

Gewicht bei 10 °/₀ Wassergehalt $= 9,222$ g;

Also $N^{mt} = \dfrac{18,9}{9,222} = 2,049$; $N^{lea} = 3,39$; $N^{lbs} = 14,16$.

№ der Diagramme	p Reissbelastung in *klg*	ẟ Bruchdehnung in *mm*
1	2,70	8,5
2	3,18	10,7
3	1,90	6,2
4	2,50	7,8
5	1,75	6,0
6	2,29	7,5
7	4,19	12,9
8	2,10	6,0
9	2,80	8,0
10	4,00	11,5
11	2,30	7,0
12	2,50	8,5
13	3,31	11,0
14	2,30	6,5
15	2,70	9,0
16	2,59	8,0
17	2,69	6,5
18	2,80	8,0
19	4,95	11,2

Kleinste Werte nach Versuch № 5

$p_k = 1,75$ k; $ẟ_k = 6,0$ $mm = 0,857$ °/₀; $R_k = 1,75 \times 2,049 = 3,586$ km

Grösste Werte nach Diagramm № 19.

$p_g = 4,95$ k; $ẟ_g = 11,2$ $mm = 1,60$ °/₀; $R_g = 4,95 \times 2,049 = 10,142$ km

Durchschnitt aus sämmtlichen Werten.

$p_s = \dfrac{78,54}{27} = 2,90$ k; $ẟ_s = \dfrac{237,8}{27} = 8,80$ $mm = 1,257$ °/₀; $R_s = 2,9 \times 2,049 = 5,942$ km

Diesen Werten steht am nächsten etwa Diagramm Nr. 9.

Durchschnitt nach Ausschaltung von Versuch № 3, 5 und 8.

$p_c = \dfrac{72,79}{24} = 3,03$ k; $ẟ_c = \dfrac{219,6}{24} = 9,15$ $mm = 1,30$ °/₀; $R_c = 3,03 \times 2,049 = 6,208$ km

№	p	δ
20	3,50	12,0
21	2,45	6,9
22	2,65	8,5
23	3,54	11,1
24	3,86	11,0
25	4,41	13,5
26	2,25	7,0
27	2,33	7,0
Sa. I	78,54	237,8

Ausgeschaltet:

№	p	δ
3	1,90	6,2
5	1,75	6,0
8	2,10	6,0
Sa. II	5,75	18,2
Sa. I	78,54	237,8
Sa. II	5,75	18,2
Differenz	72,79	219,6

bei 27 — 3 = 24 Versuchen.

Für Diagramm № 2,

welches den Werten p_c und δ_c am nächsten kommt, ist

$$p'_c = 3,18 \, {}^k; \quad \delta'_c = 10,7 \, {}^{mm} = 1,53 \, \%; \quad R'_c = 3,18 \times 2,049 = 6,516 \, {}^{km}$$

Ferner ist nach demselben Diagramm die mittlere Belastung $p'_{mc} = 1,316 \, {}^k$; also

$$\eta_l = \frac{p'_{mc}}{p'_c} = \frac{1,316}{3,18} = 0,414; \quad \text{mithin } A = 0,414 \, \frac{6,516 \times 1,53}{100} = 0,04127 \, {}^{mk}$$

Diagramm-Tafel Nr. VII^a.

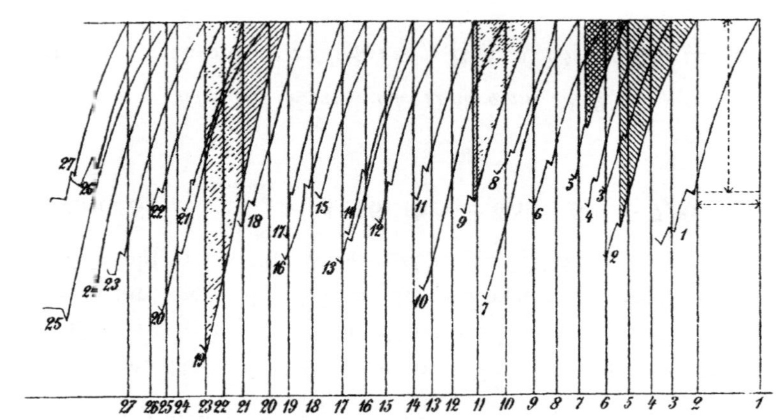

Versuch Nr. 13.

8 Jahre altes Garn N^{lea} = fehlt: N^{lbs} = fehlt. Zwirnfaden grau. Untersucht bei 17,5° C. und 42% rel. Luftfeuchtigkeit.

Versuchslänge 700 mm Apparat Nr. 1.   Feder Nr. 1.

Wassergehalt der Garne 8% vom Trockengewicht.

Gewicht von $31 \times 0,7 = 21,7$ m Zwirn $= 5,138$ g

Gewicht bei 10% Wassergehalt $= 5,233$ g

Also $N^{mt} = \dfrac{21,7}{5,233} = 4,146$; $N^{lea} = 6,85$; $N^{lbs} = 7,00$.

№ der Dia-gramme	p Reiss-be-lastung in klg	δ Bruch-deh-nung in mm
1	1,66	10,0
2	0,73	6,0
3	2,98	16,1
4	1,56	9,5
5	2,43	12,5
6	2,60	11,7
7	1,13	8,5
8	1,25	9,8
9	0,68	5,5
10	1,40	9,0
11	2,35	12,5
12	2,25	15,0
13	2,05	13,8
14	2,94	17,5
15	1,11	7,5
16	1,80	10,0
17	1,70	10,5
18	0,93	6,7
19	0,94	7,0
20	1,06	7,7
21	1,90	11,8
22	1,15	8,0
23	1,05	9,2

Kleinste Werte nach Diagramm № 2.

$p_k = 0,73$ k; $\delta_k = 6,0$ $mm = 0,857$ %; $R_k = 0,73 \times 4,146 = 3,026$ km

Grösste Werte nach Diagramm № 3.

$p_g = 2,98$ k; $\delta_g = 16,1$ $mm = 2,3$ %; $R_g = 2,98 \times 4,146 = 12,355$ km

Durchschnitt aus sämmtlichen Werten.

$p_s = \dfrac{49,85}{31} = 1,60$ k; $\delta_s = \dfrac{321,7}{31} = 10,38$ $mm = 1,48$ %; $R_s = 1,60 \times 4,146 = 6,634$ km

Diesen Werten kommt am nächsten etwa Diagramm Nr. 24.

Durchschnitt nach Ausschaltung von Versuch № 2, 8, 9, 15, 18. 19, 20, 23 und 26.

$p_c = \dfrac{41,33}{22} = 1,88$ k; $\delta_c = \dfrac{252,5}{22} = 11,47$ $mm = 1,64$ %; $R_c = 1,88 \times 4,146 = 7,794$ km

№	p	δ
24	1,55	10,5
25	1,44	12,0
26	0,77	7,3
27	1,25	9,2
28	2,26	13,5
29	1,70	12,1
30	1,73	11,5
31	1,50	10,8
Sa. I	49,85	321,7

Ausgeschaltet:

№	p	δ
2	0,73	6,0
8	1,25	9,8
9	0,68	5,5
15	1,11	7,5
18	0,93	6,7
19	0,94	7,0
20	1,06	7,7
23	1,05	9,2
26	0,77	7,3
Sa. II	8,52	66,7
Sa. I	49,85	321,7
Sa. II	8,52	66,7
Differenz	41,33	252,5

bei $31 - 9 = 22$ Versuchen.

Für Diagramm № 21,

welches den Werten p_c und δ_c am nächsten kommt, ist

$$p'_c = 1,90\,k; \quad \delta'_c = 11,8\,mm = 1,68\,\%; \quad R'_c = 1,90 \times 4,146 = 7,877\,km$$

Ferner ist nach demselben Diagramm die mittlere Belastung $p'_{mc} = 0,73\,k$; also

$$\eta_l = \frac{p'_{mc}}{p'_c} = \frac{0,73}{1,90} = 0,383; \quad \text{mithin } A = 0,383\,\frac{1,68 \times 7,877}{100} = 0,05068\,mk$$

Diagramm-Tafel Nr. VII^b

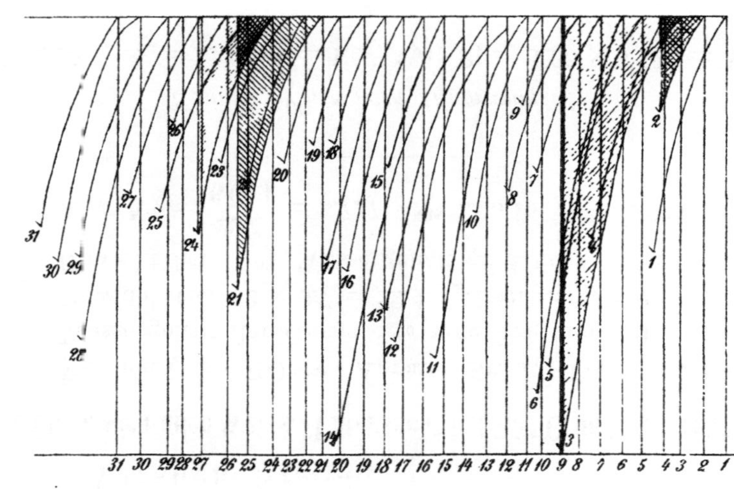

Versuch Nr. 14.

8 Jahre altes Garn N^{lea} = fehlt; N^{lbs} = fehlt. Zwirnfaden weiss. Untersucht bei 7,5° C. und 42°/₀ rel. Luftfeuchtigkeit.

Versuchslänge 700 mm Apparat Nr. 1.   Feder Nr. 1.

Wassergehalt der Garne 8% vom Trockengewicht.

Gewicht von $32 \times 0,7 = 22,4$ m Garn $= 5,900$ g

Gewicht bei 10% Wassergehalt $= 6,009$ g

Also $N^{mt} = \dfrac{22,4}{6,009} = 3{,}727$; $N^{lea} = 5{,}16$; $N^{lbs} = 9{,}30$.

№ der Diagramme	p Reiss-be-lastung in klg	δ Bruch-deh-nung in mm
1	1,41	9,0
2	2,48	13,0
3	2,35	16,0
4	1,35	11,0
5	1,64	10,8
6	2,10	13,8
7	2,08	12,5
8	2,35	12,2
9	1,39	13,4
10	1,89	14,5
11	1,43	10,0
12	1,95	12,5
13	2,41	13,8
14	2,79	16,0
15	1,70	11,9
16	1,68	10,5
17	1,67	10,1
18	2,78	13,5
19	1,97	11,0
20	2,23	12,1
21	2,10	12,9
22	1,93	10,8
23	1,64	16,5

Kleinste Werte nach Diagramm № 4.

$p_k = 1{,}35$ k; $\delta_k = 11{,}0$ $mm = 1{,}571$ °/₀; $R_k = 1{,}35 \times 3{,}727 = 5{,}031$ km

Grösste Werte nach Diagramm № 27.

$p_g = 2{,}90$ k; $\delta_g = 17{,}8$ $mm = 2{,}54$ %; $R_g = 2{,}90 \times 3{,}727 = 10{,}808$ km

Durchschnitt aus sämmtlichen Werten.

$p_s = \dfrac{65{,}79}{32} = 2{,}06$ k; $\delta_s = \dfrac{434{,}6}{32} = 13{,}6$ $mm = 1{,}943$ %; $R_s = 2{,}06 \times 3{,}727 = 7{,}677$ km

Diesen Werten steht am nächsten etwa Diagramm Nr. 7.

Durchschnitt nach Ausschaltung von Versuch № 1, 4, 9 und 11.

$p_c = \dfrac{60{,}21}{28} = 2{,}15$ k; $\delta_c = \dfrac{391{,}2}{28} = 13{,}96$ $mm = 1{,}99$ %; $R_c = 2{,}15 \times 3{,}727 = 8{,}013$ km

№	p	δ
24	1,70	16,5
25	2,39	17,5
26	2,39	17,5
27	2,90	17,8
28	2,85	17,0
29	1,76	12,2
30	2,54	19,0
31	2,22	16,8
32	1,72	12,5
Sa. I	65,79	434,6

Ausgeschaltet:

№	p	δ
1	1,41	9,0
4	1,35	11,0
9	1,39	13,4
11	1,43	10,0
Sa. II	5,58	43,4
Sa. I	65,79	434,6
Sa. II	5,58	43,4
Differenz	60,21	391,2

bei 32 — 4 = 28 Ver-
suchen.

Für Diagramm № 6,

welches den Werten p_c und δ_c am nächsten kommt, ist

$$p'_c = 2,10 \, {}^k; \quad \delta'_c = 13,8 \, {}^{mm} = 1,97 \, {}^0/_0; \quad R'_c = 2,10 \times 3,727 = 7,827 \, {}^{km}$$

Ferner ist nach demselben Diagramm die mittlere Belastung $p'_{mc} = 0,848 \, {}^k$; also

$$\eta = \frac{p'_{mc}}{p'_c} = \frac{0,848}{2,10} = 0,423; \quad \text{mithin } A = 0,423 \, \frac{7,827 \times 1,97}{100} = 0,06522 \, {}^{mk}$$

Diagramm - Tafel Nr. VII^c

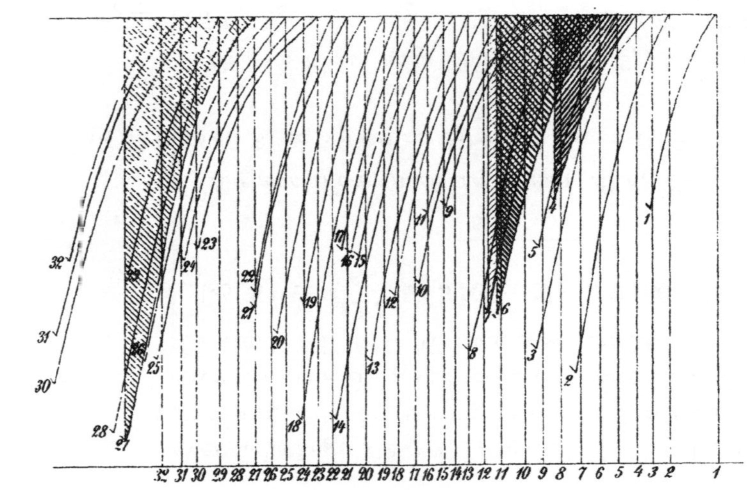

Versuch Nr. 15^a und 15^b.

13 Jahre altes Garn $N^{lea} = 8$; $N^{lbs} = 6$. Kette ^{ss} roh. Untersucht bei 17,5° C. und 30°/₀ rel. Luftfeuchtigkeit.

№ der Diagramme	p Reissbelastung in *klg*	δ Bruchdehnung in *mm*	№ der Diagramme	p Reissbelastung in *klg*	δ Bruchdehnung in *mm*
1	0,98	10,5	1	0,88	8,9
2	1,43	12,6	2	1,08	10,0
3	1,22	10,7	3	0,58	6,9
4	1,85	14,7	4	1,41	11,7
5	1,35	13,0	5	1,41	11,9
6	1,32	11,6	6	1,47	12,5
7	0,78	7,2	7	0,99	7,0
8	1,20	11,1	8	1,05	9,0
9	1,19	11,3	9	1,67	12,8
10	1,00	10,0	10	1,29	11,0
11	1,01	9,3	11	1,23	8,1
12	1,10	9,5	12	0,73	5,1
13	1,30	12,1	13	1,85	14,2
14	1,21	10,9	14	1,25	11,0
15	1,07	10,0	15	0,73	13,6
16	0,80	9,0	16	1,45	11,6
17	1,05	10,0	17	1,01	7,5
18	0,70	7,8	18	1,54	11,6
19	1,46	11,8	19	1,14	10,6
20	1,39	11,5	20	1,15	10,0
21	1,50	14,5	21	1,40	10,0
22	1,36	12,0	22	1,61	13,9
23	1,11	10,9	23	1,02	9,8

Versuchslänge 700 *mm* Apparat Nr. 1. Feder Nr. 1.
Wassergehalt der Garne 6 % vom Trockengewicht.
Gewicht von 61 × 0,7 = 42,7 *m* Garn = 7,405 *g*
Gewicht bei 10 % Wassergehalt = 7,684 *g*

Also $N^{mt} = \dfrac{42,7}{7,684} = 5,557$; $N^{lea} = 9,186$; $N^{lbs} = 5,22$.

Kleinste Werte nach Diagramm № 3, Tafel VIII^b.

$p_k = 0,58\ k$; $\delta_k = 6,9\ mm = 0,985\ \%$; $R_k = 0,58 × 5,557 = 3,223\ km$

Grösste Werte nach Diagramm № 25, Tafel VIII^a.

$p_g = 1,87\ k$; $\delta_g = 16,1\ mm = 2,3\ \%$; $R_g = 1,87 × 5,557 = 10,391\ km$

Durchschnitt aus sämmtlichen Werten.

$p_s = \dfrac{73,88}{61} = 1,21\ k$; $\delta_s = \dfrac{647,8}{61} = 10,62\ mm = 1,517\ \%$; $R_s = 1,21 × 5,557 = 6,724\ km$

Diesen Werten steht am nächsten etwa Diagramm Nr. 27, VIII^b

Durchschnitt nach Ausschaltung von Versuch № 7, 16, 18 u. 27, sowie von 3, 12 u. 15.

$p_c = \dfrac{68,81}{54} = 1,27\ k$; $\delta_c = \dfrac{590,2}{54} = 10,93\ mm = 1,57\ \%$; $R_c = 1,27 × 5,557 = 7,057\ km$

№	p	δ		№	p	δ
24	1,30	11,9		24	1,23	9,8
25	1,87	16,1		25	1,10	8,0
26	1,62	11,0		26	1,10	9,3
27	0,75	8,0		27	1,21	10,1
28	1,45	13,0		28	1,02	6,9
29	1,63	14,8		29	1,10	9,2
				30	1,31	12,0
Sa. 15a	36,00	326,0		31	0,87	8,9
Sa. 15b	37,88	320,9		32	1,00	8,0
				Sa. 15b	37,88	320,9

	p	δ
Versuche 61 Sa. I	73,88	647,8

Ausgeschaltet von 15a

№	p	δ
7	0,78	7,2
16	0,80	9,0
18	0,70	7,8
27	0,75	8,0

Ausgeschaltet von 15b

№	p	δ
3	0,58	6,9
12	0,73	5,1
15	0,73	13,6
Sa. II	5,07	57,6

	p	δ
Sa. I	73,88	647,8
Sa. II	5,07	57,6
Differenz	68,81	590,2

bei 61 — 7 = 54 Versuchen.

Für Diagramm № 14, Tafel VIII^b.

welches den Werten p_c und δ_c am nächsten kommt, ist

$$p'_c = 1,25\ k; \quad \delta'_c = 11,0\ mm = 1,57\ \%; \quad R'_c = 1,25 \times 5,557 = 6,946\ km$$

Ferner ist nach demselben Diagramm die mittlere Belastung $p'_{mc} = 0,536\ k$; also

$$\eta = \frac{p'_{mc}}{p'_c} = \frac{0,536}{1,25} = 0,428; \quad \text{mithin}\ A = 0,428\ \frac{6,946 \times 1,57}{100} = 0,04667\ mk$$

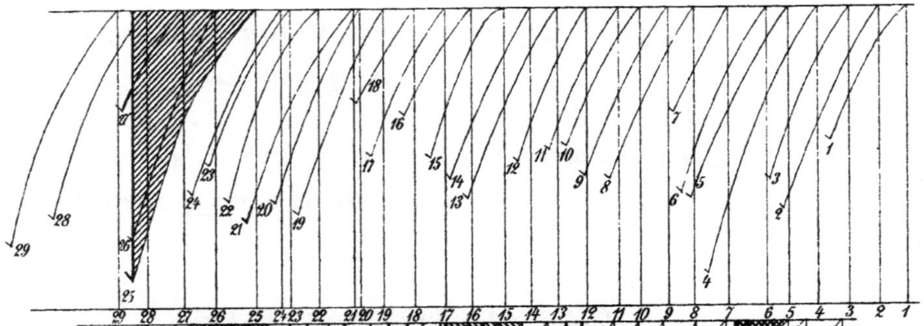

Diagramm-Tafel Nr. VIII^a

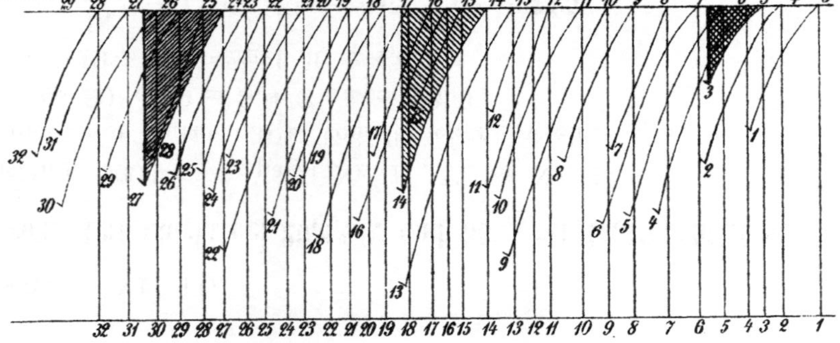

Diagramm-Tafel Nr. VIII^b

Versuch Nr. 16.

13 Jahre altes Garn $N^{lea} = 6$; $N^{lbs} = 8$. Kette ss roh. Untersucht bei 20,6 ° C. und 35% rel. Luftfeuchtigkeit.

№ der Diagramme	p Reiss-be-lastung in *klg*	δ Bruch-deh-nung in *mm*
1	1,30	10,5
2	2,10	10,8
3	3,38	20,7
4	2,94	19,1
5	3,08	16,0
6	2,65	14,5
7	1,41	9,0
8	0,95	14,6
9	1,35	17,9
10	3,25	20,0
11	2,00	12,0
12	1,83	12,0
13	1,85	17,2
14	1,60	18,5

Versuchslänge 900 *mm*   Apparat Nr. 1.   Feder Nr. 2.

Wassergehalt der Garne 6,5% vom Trockengewicht.

Gewicht von $20 \times 0,9 = 8\,m$ Garn $= 4,350\,g$

Gewicht bei 10% Wassergehalt $= 4,493\,g$

Also $N^{mt} = \dfrac{18}{4,493} = 4,006$; $N^{lea} = 6,62$; $N^{lbs} = 7,25$.

Kleinste Werte nach Diagramm № 8.

$p_k = 0,95\,k$; $\delta_k = 14,6\,mm = 1,622\%$; $R_k = 0,95 \times 4,006 = 3,806\,km$

Grösste Werte nach Diagramm № 3.

$p_g = 3,38\,k$; $\delta_g = 20,7\,mm = 2,30\%$; $R_g = 3,38 \times 4,006 = 13,540\,km$

Durchschnitt aus sämmtlichen Werten.

$p_s = \dfrac{41,43}{20} = 2,07\,k$; $\delta_s = \dfrac{284,7}{20} = 14,23\,mm = 1,581\%$; $R_s = 2,07 \times 4,006 = 8,292\,km$

Diesen Werten kommt am nächsten etwa Diagramm Nr. 16.

Durchschnitt nach Ausschaltung von Versuch № 8.

$p_c = \dfrac{40,48}{19} = 2,13\,k$; $\delta_c = \dfrac{270,1}{19} = 14,21\,mm = 1,58\%$; $R_c = 2,13 \times 4,006 = 8,533\,km$

15	2,35	14,0
16	2,07	11,9
17	1,71	11,1
18	2,20	12,5
19	1,50	11,4
20	1,91	11,0
Sa. I	41,43	284,7

Ausgeschaltet:

№	p	δ
8	0,95	14,6
Sa. II	0,95	14,6
Sa. I	41,43	284,7
Sa. II	0,95	14,6
Differenz	40,48	270,1

bei 20 — 1 = 19 Versuchen.

Für Diagramm № 2,

welches den Werten p_c und δ_c am nächsten kommt, ist

$$p'_c = 2{,}10\ k; \quad \delta'_c \rightarrow 10{,}8\ mm = 1{,}2\ \%; \quad R'_c = 2{,}10 \times 4{,}006 = 8{,}412\ km$$

Ferner ist nach demselben Diagramm die mittlere Belastung $p'_{mc} = 1{,}044\ k$; also

$$r_l = \frac{p'_{mc}}{p'_c} = \frac{1{,}044}{2{,}10} = 0{,}497; \quad \text{mithin A} = 0{,}497\ \frac{8{,}412 \times 1{,}2}{100} = 0{,}05169\ mk$$

Diagramm-Tafel Nr. IX^a

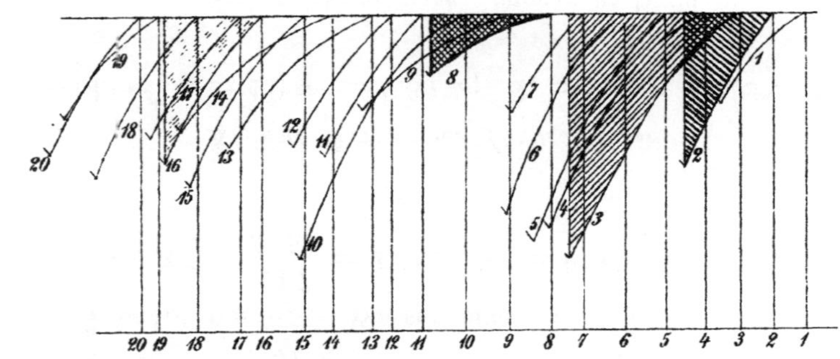

Versuch Nr. 17.

13 Jahre altes Garn $N^{lea} = 6$; $N^{lbs} = 8$. Kette ss roh. Untersucht bei 17,5° C. und 35% rel. Luftfeuchtigkeit.

Versuchslänge 700 mm Apparat Nr. 1. Feder Nr. 1.
Wassergehalt der Garne 6,5% vom Trockengewicht.
Gewicht von $31 \times 0,7 = 21,7$ m Garn $= 4,988$ g
Gewicht bei 10% Wassergehalt $= 5,152$ g

Also $N^{mt} = \dfrac{21,7}{5,152} = 4,212$; $N^{lea} = 6,96$; $N^{lbs} = 6,90$.

Kleinste Werte nach Diagramm № 5.

$p_k = 0,43$ k; $\delta_k = 4,2$ $mm = 0,60\%$; $R_k = 0,43 \times 4,212 = 1,811$ km

Grösste Werte nach Diagramm № 25.

$p_g = 2,46$ k; $\delta_g = 27,0$ $mm = 3,85\%$; $R_g = 2,46 \times 4,212 = 10,361$ km

Durchschnitt aus sämmtlichen Werten.

$p_s = \dfrac{44,52}{31} = 1,43$ k; $\delta_s = \dfrac{385,3}{31} = 12,42$ $mm = 1,77\%$; $R_s = 1,43 \times 4,212 = 6,023$ km

Diesen Werten steht am nächsten etwa Diagramm Nr. 2.

Durchschnitt nach Ausschaltung von Versuch № 5 und 24.

$p_c = \dfrac{43,34}{29} = 1,49$ k; $\delta_c = \dfrac{373,4}{29} = 12,84$ $mm = 1,83\%$; $R_c = 1,49 \times 4,212 = 6,276$ km

№ der Diagramme	p Reissbelastung in klg	δ Bruchdehnung in mm
1	1,35	13 5
2	1,43	13,5
3	1,23	12,0
4	1,58	11,4
5	0,43	4,2
6	1,34	11,5
7	1,38	12,8
8	1,25	10,5
9	1,25	10,5
10	1,10	8,4
11	1,08	9,6
12	1,70	13,5
13	1,62	14,9
14	1,25	9,4
15	1,69	14,8
16	1,01	9,2
17	1,00	9,0
18	1,00	9,2
19	0,97	9,0
20	0,99	8,8
21	1,07	9,0

22	1,31	11,2
23	1,43	10,0
24	0,75	7,7
25	2,46	27,0
26	2,15	21,4
27	2,20	10,0
28	1,90	10,0
29	2,36	11,2
30	1,89	24,1
31	2,35	28,0
Sa. I	44,52	385,3

Ausgeschaltet:

№	p	δ
5	0,43	4,2
24	0,75	7,7
Sa. II	1,18	11,9
Sa. I	44,52	385,3
Sa. II	1,18	11,9
Differenz	43,34	373,4

bei $31 - 2 = 29$ Versuchen.

Für Diagramm № 4,

welches den Werten p_c und δ_c am nächsten kommt, ist

$$p'_c = 1{,}58\,k; \quad \delta'_c = 11{,}4\,mm = 1{,}63\,\%; \quad R'_c = 1{,}58 \times 4{,}212 = 6{,}655\,km$$

Ferner ist nach demselben Diagramm die mittlere Belastung $p'_{mc} = 0{,}698\,k$; also

$$\eta = \frac{p'_{mc}}{p'_c} = \frac{0{,}698}{1{,}58} = 0{,}441; \quad \text{mithin } A = 0{,}441 \, \frac{6{,}655 \times 1{,}630}{100} = 0{,}04778\,mk$$

Diagramm-Tafel Nr. IX[b]

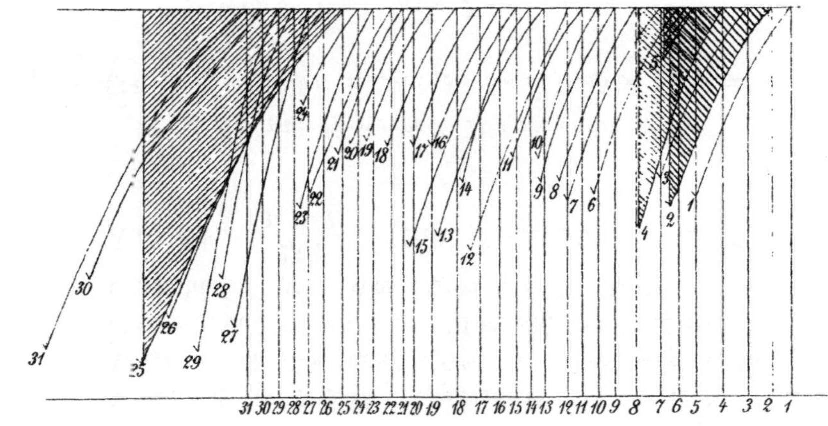

Versuch Nr. 18.

13 Jahre altes Garn $N^{lea} = 2$; $N^{lbs} = 24$. Kette ss. Untersucht bei 17,5° C. und 32% rel. Luftfeuchtigkeit.

№ der Diagramme	p Reissbelastung in klg	δ Bruchdehnung in mm
1	6,00	17,8
2	6,45	19,0
3	6,92	22,0
4	5,82	18,0
5	6,05	16,9
6	6,75	22,2
7	6,99	21,3
8	7,28	21,6
9	4,75	17,4
10	6,60	23,9
11	6,99	22,8
12	7,35	21,5
13	7,60	22,3
14	6,95	20,2
15	6,78	17,9
16	4,95	15,5
17	6,25	17,8
18	4,55	17,0
19	5,40	17,1
20	6,60	21,0
21	5,90	19,4

Versuchslänge 700 mm Apparat Nr. 1. Feder Nr. 3.

Wassergehalt der Garne 6,5% vom Trockengewicht.

Gewicht von $33 \times 0,7 = 23,1$ m Garn $= 18,258$ g

Gewicht bei 10% Wassergehalt $= 18,947$ g

Also $N^{mt} = \dfrac{23,1}{18,947} = 1,219$; $N^{lea} = 2,01$; $N^{lbs} = 23,88$.

Kleinste Werte nach Diagramm № 18.

$$p_k = 4,55\ k;\quad \delta_k = 17\ mm = 2,42\%;\quad R_k = 4,55 \times 1,219 = 5,546\ km$$

Grösste Werte nach Diagramm № 33.

$$p_g = 7,68\ k;\quad \delta_g = 25,1\ mm = 3,58\%;\quad R_g = 7,68 \times 1,219 = 9,362\ km$$

Durchschnitt aus sämmtlichen Werten.

$$p_s = \frac{213,09}{33} = 6,45\ k;\quad \delta_s = \frac{668,6}{33} = 20,26\ mm = 2,89\%;\quad R_s = 6,45 \times 1,219 = 7,863\ km$$

Diesen Werten steht am nächsten etwa Diagramm Nr. 2.

Durchschnitt nach Ausschaltung von Versuch № 9, 16 und 18.

$$p_c = \frac{198,84}{30} = 6,628\ k;\quad \delta_c = \frac{618,7}{30} = 20,62\ mm = 2,94\%;\quad R_c = 6,628 \times 1,219 = 8,079\ km$$

№	p	δ
22	5,20	19,5
23	5,91	20,8
24	6,84	22,0
25	6,81	22,0
26	7,25	22,2
27	6,35	19,8
28	7,00	19,5
29	7,09	23,1
30	6,06	18,5
31	6,32	19,5
32	7,65	24,0
33	7,68	25,1
Sa. I	213,09	668,6

Ausgeschaltet:

№	p	δ
9	4,75	17,4
16	4,95	15,5
18	4,55	17,0
Sa. II	14,25	49,9

	p	δ
Sa. I	213,09	668,6
Sa. II	14,25	49,9
Differenz	198,84	618,7

bei 33 — 3 = 30 Ver-
suchen.

Für Diagramm № 20,

welches den Werten p_c und δ_c am nächsten kommt, ist

$$p'_c = 6,60\ ^k;\quad \delta'_c = 21,0\ ^{mm} = 3,00\ \%;\quad R'_c = 6,60 \times 1,219 = 8,045\ ^{km}$$

Ferner ist nach demselben Diagramm die mittlere Belastung $p'_{mc} = 2,61\ ^{km}$; also

$$\eta = \frac{p'_{mc}}{p'_c} = \frac{2,61}{6,60} = 0,395;\ \text{mithin}\ A = 0,395\ \frac{0,045 \times 3}{100} = 0,09533\ ^{mk}$$

Diagramm-Tafel Nr. X

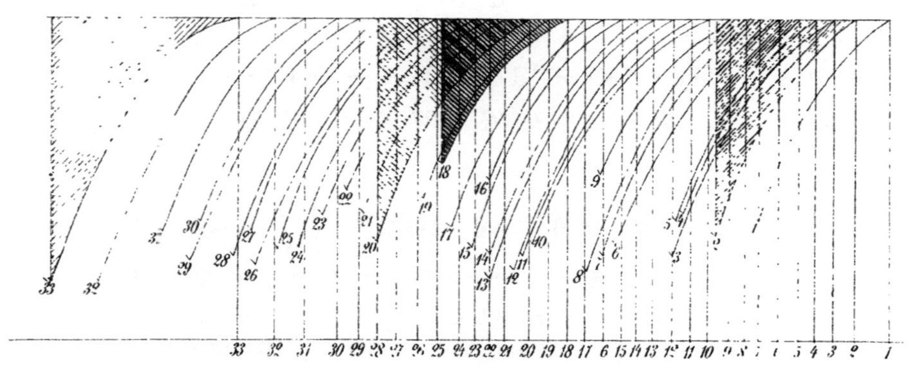

Versuch Nr. 19.

Garn $N^{lea} = 6,4$; $N^{lbs} = 7,5$. Schuss (cops) [ss]. Untersucht bei $17°$ C. und 42% rel. Luftfeuchtigkeit.

№ der Diagramme	p Reissbelastung in klg	δ Bruchdehnung in mm
1	2,70	14,0
2	2,40	11,3
3	2,39	11,5
4	2,40	12,1
5	3,30	13,8
6	2,90	13,0
7	2,15	12,0
8	2,60	13,0
9	2,44	12,2
10	2,95	14,5
11	2,90	15,6
12	3,25	18,0
13	2,70	14,0
14	2,91	13,5
15	1,84	9,4
16	2,81	14,0
17	2,25	13,8

Versuchslänge 700 mm Apparat Nr. 1.   Feder Nr. 2.

Wassergehalt der Garne 8% vom Trockengewicht.

Gewicht von $25 \times 0,7 = 17,5$ m Garn $= 4,462$ g

Gewicht bei 10% Wassergehalt $= 4,544$ g

Also $N^{mt} = \dfrac{17,5}{4,544} = 3,851$; $N^{lea} = 6,36$; $N^{lbs} = 7,54$.

Kleinste Werte nach Diagramm № 15.

$p_k = 1,84\ k$; $\delta_k = 9,4\ mm = 1,342\%$; $R_k = 1,84 \times 3,851 = 7,086\ km$

Grösste Werte nach Diagramm № 5.

$p_g = 3,30\ k$; $\delta_g = 13,8\ mm = 1,97\%$; $R_g = 3,30 \times 3,851 = 12,708\ km$

Durchschnitt aus sämmtlichen Werten.

$p_s = \dfrac{66,58}{25} = 2,66\ k$; $\delta_s = \dfrac{329,5}{25} = 13,17\ mm = 1,88\%$; $R_s = 2,66 \times 3,851 = 10,244\ km$

Diesen Werten steht am nächsten etwa Diagramm Nr. 20.

Durchschnitt nach Ausschaltung von Versuch № 15 und 22.

$p_c = \dfrac{62,84}{23} = 2,73\ k$; $\delta_c = \dfrac{309,5}{23} = 13,49\ mm = 1,92\%$; $R_c = 2,73 \times 3,851 = 10,513\ km$

№	p	δ
18	2,80	13,4
19	2,78	14,0
20	2,64	13,3
21	2,55	13,8
22	1,90	10,5
23	2,90	12,1
24	2,90	13,5
25	3,22	13,1
Sa. I	66,58	329,5

Ausgeschaltet:

№	p	δ
15	1,84	9,4
22	1,90	10,5
Sa. II	3,74	19,9
Sa. I	66,58	329,5
Sa. II	3,74	19,9
Differenz	62,84	309,5

bei 25 — 2 = 23 Versuchen.

Für Diagramm № 1,

welches den Werten p_c und δ_c am nächsten kommt, ist

$$p'_c = 2,70\,k; \quad \delta'_c = 14,0\,mm = 2,0\%; \quad R'_c = 2,70 \times 3,851 = 10,398\,km$$

Ferner ist nach demselben Diagramm die mittlere Belastung $p'_{mc} = 1,17\,k$; also

$$\eta = \frac{p'_{mc}}{p'_c} = \frac{1,17}{2,70} = 0,433; \quad \text{mithin } A = 0,433\,\frac{10,398 \times 2,0}{100} = 0,09005\,mk$$

Diagramm-Tafel Nr. XI

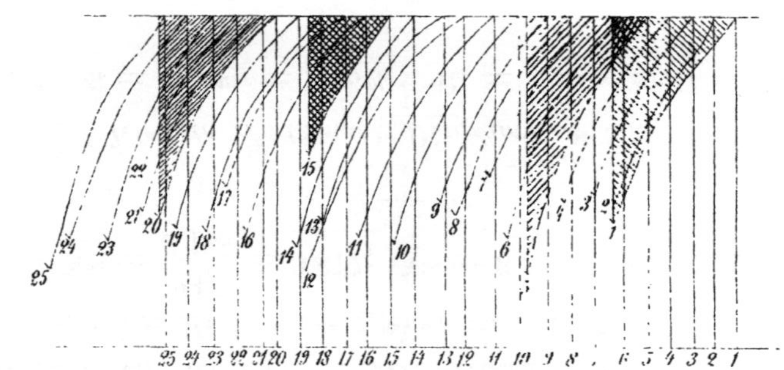

Versuch Nr. 20.

Garn $N^{lea} = 6{,}4$; $N^{lbs} = 7{,}5$. Schuss (cops) ss. Untersucht bei 17° C. und 30% rel. Luftfeuchtigkeit.

Versuchslänge 700 *mm*   Apparat Nr. 1.   Feder Nr. 2.

Wassergehalt der Garne 6% vom Trockengewicht.

Gewicht von $34 \times 0{,}7 = 23{,}8$ *m* Garn $= 5{,}915$ *g*

Gewicht bei 10% Wassergehalt $= 6{,}138$ *g*

Also $N^{mt} = \dfrac{23{,}8}{6{,}138} = 3{,}877$; $N^{lea} = 6{,}41$; $N^{lbs} = 7{,}48$.

№ der Diagramme	p Reissbelastung in *klg*	ᵟ Bruchdehnung in *mm*
1	2,60	10,8
2	2,66	11,8
3	2,28	11,0
4	3,17	11,8
5	2,62	11,0
6	2,05	10,1
7	2,52	12,0
8	1,88	12,6
9	2,49	10,0
10	2,81	11,0
11	2,98	13,0
12	2,78	12,7
13	3,24	14,5
14	2,62	13,9
15	2,80	12,5
16	2,50	10,0
17	2,30	11,5
18	2,98	14,2
19	2,51	11,8
20	2,19	11,9
21	1,89	10,1
22	2,25	14,3
23	2,83	15,5

Kleinste Werte nach Diagramm № 33.

$p_k = 1{,}66$ *k*; $\delta_k = 9{,}5$ *mm* $= 1{,}36$ %; $R_k = 1{,}66 \times 3{,}877 = 6{,}436$ *km*

Grösste Werte nach Diagramm № 13.

$p = 3{,}24$ *k*; $\delta_g = 14{,}5$ *mm* $= 2{,}07$ %; $R_g = 3{,}24 \times 3{,}877 = 12{,}561$ *km*

Durchschnitt aus sämmtlichen Werten.

$p_s = \dfrac{82{,}96}{34} = 2{,}44$ *k*; $\delta_s = \dfrac{413{,}4}{34} = 12{,}14$ *mm* $= 1{,}73$ %; $R_s = 2{,}44 \times 3{,}877 = 9{,}46$ *km*

Diesen Werten steht am nächsten etwa Diagramm Nr. 30.

Durchschnitt nach Ausschaltung von Versuch № 8, 21, 29 und 33.

$p_c = \dfrac{75{,}68}{30} = 2{,}52$ *k*; $\delta_c = \dfrac{369{,}3}{30} = 12{,}31$ *mm* $= 1{,}76$ %; $R_c = 2{,}52 \times 3{,}877 = 9{,}77$ *km*

№	p	δ
24	2,50	13,5
25	1,96	11,4
26	2,31	13,5
27	2,25	14,1
28	3,23	14,5
29	1,85	11,9
30	2,40	13,0
31	1,95	13,0
32	1,90	12,0
33	1,66	9,5
34	2,00	9,0
Sa. I	82,96	413,4

Ausgeschaltet:

№	p	δ
8	1,88	12,6
21	1,89	10,1
29	1,85	11,9
33	1,66	9,5
Sa. II	7,28	44,1
Sa. I	82,96	413,4
Sa. II	7,28	44,1
Differenz	75,68	369,3

bei 34 — 4 = 30 Versuchen.

Für Diagramm № 7,

welches den Werten p_c und δ_c am nächsten kommt, ist

$$p'_c = 2,52\ k;\quad \delta'_c = 12,0\ mm = 1,71\ \%;\quad R'_c = 2,52 \times 3,877 = 9,77\ km$$

Ferner ist nach demselben Diagramm die mittlere Belastung $p'_{mc} = 1,15\ k$; also

$$\eta = \frac{p'_{mc}}{p'_c} = \frac{1,15}{2,52} = 0,456;\quad \text{mithin } A = 0,456\,\frac{9,77 \times 1,71}{100} = 0,07618\ mk$$

Diagramm-Tafel Nr. XII

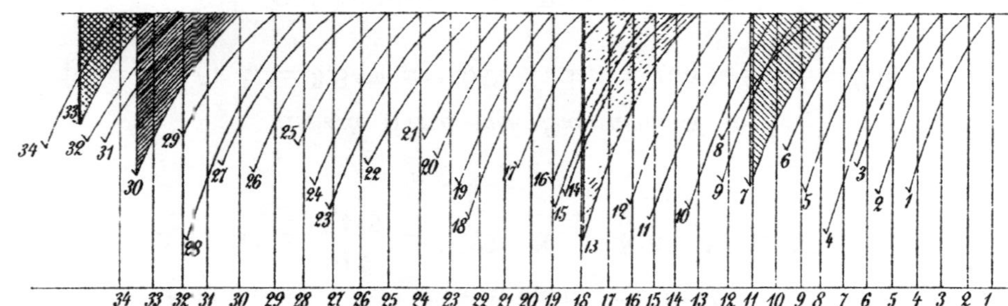

Versuch Nr. 21.

Garn $N^{lea} = 5{,}64$; $N^{lbs} = 8{,}5$.   Schuss (cops) ^{s}.   Untersucht bei 17,5° C. und 42°/₀ rel. Luftfeuchtigkeit.

№ der Diagramme	p Reissbelastung in klg	δ Bruchdehnung in mm
1	2,25	11,0
2	1,63	8,2
3	2,25	9,5
4	1,26	8,0
5	1,09	6,5
6	0,97	5,8
7	0,60	6,0
8	1,30	10,0
9	1,13	7,2
10	0,69	6,5
11	1,66	10,5
12	1,51	9,5
13	1,97	10,2
14	1,73	9,0
15	0,55	3,8
16	1,98	8,8
17	1,69	9,5
18	1,72	9,0
19	2,14	10,9
20	2,28	11,6
21	1,34	7,1
22	1,01	5,8
23	1,32	8,1

Versuchslänge 700 mm Apparat Nr. 1.   Feder Nr. 1.

Wassergehalt der Garne 8°/₀ vom Trockengewicht.

Gewicht von $31 \times 0{,}7$ mm = 21,7 m Garn = 4,405 g

Gewicht bei 10°/₀ Wassergehalt = 4,486 g

Also $N^{mt} = \dfrac{21{,}7}{4{,}486} = 4{,}837$; $N^{lea} = 8{,}00$; $N^{lbs} = 6{,}00$.

Kleinste Werte nach Diagramm № 15.

$$p_k = 0{,}55\ k; \quad \delta_k = 3{,}8\ mm = 0{,}542\ °/_0; \quad R_k = 0{,}55 \times 4{,}837 = 2{,}660\ km$$

Grösste Werte nach Diagramm № 20.

$$p_g = 2{,}28\ k; \quad \delta_g = 11{,}6\ mm = 1{,}657\ °/_0; \quad R_g = 2{,}28 \times 4{,}837 = 11{,}028\ km$$

Durchschnitt aus sämmtlichen Werten.

$$p_s = \frac{47{,}92}{31} = 1{,}546\ k; \quad \delta_s = \frac{268{,}9}{31} = 8{,}67\ mm = 1{,}238\ °/_0; \quad R_s = 1{,}546 \times 4{,}837 = 7{,}478\ km$$

Diesen Werten steht am nächsten etwa Diagramm Nr. 27.

Durchschnitt nach Ausschaltung von Versuch № 5, 6, 7, 10, 15 und 22.

$$p_c = \frac{43{,}01}{25} = 1{,}72\ k; \quad \delta_c = \frac{234{,}5}{25} = 9{,}38\ mm = 1{,}34\ °/_0; \quad R_c = 1{,}72 \times 4{,}837 = 8{,}319\ km$$

№	p	δ
24	1,89	9,7
25	2,10	9,7
26	1,89	10,0
27	1,57	9,7
28	1,76	10,1
29	2,05	10,0
30	1,24	8,1
31	1,35	9,1
Sa. I	47,92	268,9

Ausgeschaltet:

№	p	δ
5	1,09	6,5
6	0,97	5,8
7	0,60	6,0
10	0,69	6,5
15	0,55	3,8
22	1,01	5,8
Sa. II	4,91	34,4
Sa. I	47,92	268,9
Sa. II	4,91	34,4
Differenz	43,01	234,5

bei 31 — 6 = 25 Ver-
suchen.

Für Diagramm № 14,

welches den Werten p_c und δ_c am nächsten kommt, ist

$$p'_c = 1{,}73 \, k; \quad \delta'_c = 9{,}0 \, mm = 1{,}28 \, \%; \quad R'_c = 1{,}73 \times 4{,}837 = 8{,}368 \, km$$

Ferner ist nach demselben Diagramm die mittlere Belastung $p'_{mc} = 0{,}76 \, k;$ also

$$\eta = \frac{p'_{mc}}{p'_c} = \frac{0{,}76}{1{,}73} = 0{,}439; \quad \text{mithin } A = 0{,}439 \, \frac{8{,}368 \times 1{,}28}{100} = 0{,}04702 \, mk$$

Diagramm-Tafel Nr. XIII

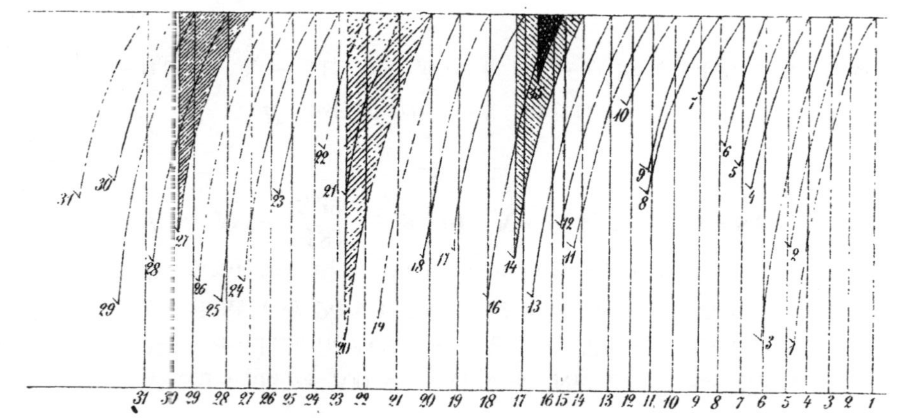

Versuch Nr. 22.

Garn $N^{lea} = 4,85$; $N^{lbs} = 10$. Schuss (cops) ^{s}. Untersucht bei $17°$ C. und $42°/_0$ rel. Luftfeuchtigkeit.

№ der Diagramme	p Reissbelastung in klg	δ Bruchdehnung in mm
1	2,45	10,9
2	3,05	13,6
3	2,92	14,7
4	2,94	15,0
5	2,63	12,9
6	0,90	11,6
7	1,99	11,6
8	1,89	8,5
9	1,36	7,5
10	1,40	6,0
11	0,79	3,2
12	1,54	9,5
13	0,82	4,2
14	1,55	10,0
15	1,11	7,0
16	2,65	13,9
17	2,54	11,0
18	2,40	10,2
19	2,37	10,5

Versuchslänge 700 mm Apparat Nr. 1.   Feder Nr. 1.

Wassergehalt der Garne $8°/_0$ vom Trockengewicht.

Gewicht von $26 \times 0,7 = 18,2\ m$ Garn $= 5,135\ g$

Gewicht bei $10°/_0$ Wassergehalt $= 5,230\ g$

Also $N^{mt} = \dfrac{18,2}{5,230} = 3,479$; $N^{lea} = 5,75$; $N^{lbs} = 8,35$.

Kleinste Werte nach Diagramm № 6.

$p_k = 0,90\ ^k$; $\delta_k = 11,6\ ^{mm}\ 1,66°/_0$; $R_k = 0,90 \times 3,479 = 3,131\ ^{km}$

Grösste Werte nach Diagramm № 2.

$p_g = 3,05\ ^k$; $\delta_g = 13,6\ ^{mm} = 1,94°/_0$; $R_g = 3,05 \times 3,479 = 10,611\ ^{km}$

Durchschnitt aus sämmtlichen Werten.

$p_s = \dfrac{53,13}{26} = 2,04\ ^k$; $\delta_s = \dfrac{268,3}{26} = 10,32\ ^{mm} = 1,474°/_0$; $R_s = 2,04 \times 3,479 = 7,097\ ^{km}$

Diesen Werten steht am nächsten etwa Diagramm Nr. 7.

Durchschnitt nach Ausschaltung von Versuch № 6, 9, 10 11, 13 und 15.

$p_c = \dfrac{46,75}{20} = 2,34\ ^k$; $\delta_c = \dfrac{228,8}{20} = 11,44\ ^{mm} = 1,634°/_0$; $R_c = 2,34 \times 3,479 = 8,141\ ^{km}$

20	2,63	11,0
21	2,51	11,0
22	2,45	11,5
23	1,84	10,0
24	2,15	12,1
25	1,70	8,9
26	2,55	12,0
Sa. I	53,13	268,3

Ausgeschaltet:

№	p	δ
6	0,90	11,6
9	1,36	7,5
10	1,40	6,0
11	0,79	3,2
13	0,82	4,2
15	1,11	7,0
Sa. II	6,38	39,5
Sa. I	53,13	268,3
Sa. II	6,38	39,5
Differenz	46,75	228,8

bei $26 - 6 = 20$ Ver-suchen.

Für Diagramm № 19,

welches den Werten p_c und δ_c am nächsten kommt, ist

$$p'_c = 2,37\ ^{k}; \quad \delta'_c = 10,5\ ^{mm} = 1,50\ ^0/_0; \quad R'_c = 2,37 \times 3,479 = 8,245\ ^{km}$$

Ferner ist nach demselben Diagramm die mittlere Belastung $p'_{mc} = 0,921\ k$; also

$$\eta_i = \frac{p'_{mc}}{p'_c} = \frac{0,921}{2,37} = 0,390; \quad \text{mithin } A = 0,390\,\frac{8,245 \times 1,5}{100} = 0,04823\ ^{mk}$$

Diagramm-Tafel Nr. XIV

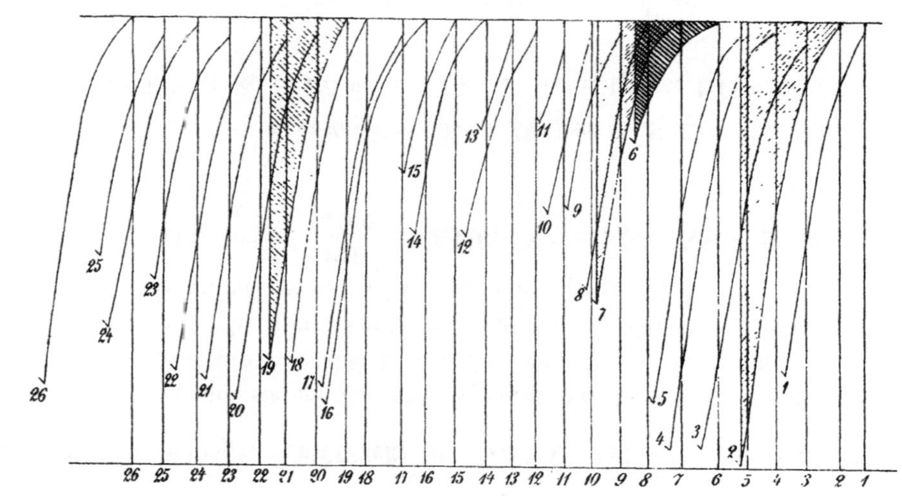

Versuch Nr. 23.

Garn $N^{lea} = 2,2$; $N^{lbs} = 22$. Schuss (cops) ^{c}. Untersucht bei 17,5° C. und 42% rel. Luftfeuchtigkeit.

№ der Diagramme	p Reissbelastung in *klg*	δ Bruchdehnung in *mm*
1	5,29	14,0
2	4,80	15,1
3	5,35	16,4
4	5,55	19,0
5	5,85	19,6
6	5,78	21,1
7	3,70	14,6
8	4,95	18,8
9	3,19	15,5
10	2,55	11,0
11	4,20	15,0
12	3,81	12,5
13	3,93	15,0
14	3,85	11,6
15	6,25	16,3
16	4,80	14,0
17	5,50	17,0
18	4,75	16,1
19	5,11	15,7

Versuchslänge 700 *mm*   Apparat Nr. 1.   Feder Nr. 2.

Wassergehalt der Garne 8% vom Trockengewicht.

Gewicht von $28 \times 0,7 = 19,6$ *m* $= 13,650$ *g*

Gewicht bei 10% Wassergehalt $= 13,903$ *g*

Also $N^{mt} = \dfrac{19,6}{13,903} = 1,410$; $N^{lea} = 2,33$; $N^{lbs} = 20,60$.

Kleinste Werte nach Diagramm № 20.

$$p_k = 1,30 \, k; \quad \delta_k = 7,5 \text{ } mm = 1,07 \text{ %}; \quad R_k = 1,30 \times 1,410 = 1,833 \text{ } km$$

Grösste Werte nach Diagramm № 15.

$$p_g = 6,25 \, k; \quad \delta_g = 16,3 \text{ } mm = 2,33 \text{ %}; \quad R_g = 6,25 \times 1,410 = 8,812 \text{ } km$$

Durchschnitt aus sämmtlichen Werten.

$$p_s = \frac{129,75}{28} = 4,63 \, k; \quad \delta_s = \frac{432,9}{28} = 15,46 \text{ } mm = 2,20 \text{ %}; \quad R_s = 4,63 \times 1,410 = 6,528 \text{ } km$$

Diesen Werten steht am nächsten etwa Diagramm Nr. 18.

Durchschnitt nach Ausschaltung von Versuch № 9, 10 und 20.

$$p_c = \frac{122,71}{25} = 4,91 \, k; \quad \delta_c = \frac{398,9}{25} = 15,95 \text{ } mm = 2,28 \text{ %}; \quad R_c = 4,91 \times 1,410 = 6,923 \text{ } km$$

№	p	δ
20	1,30	7,5
21	5,20	16,8
22	4,49	14,5
23	3,91	12,0
24	4,91	16,0
25	4,40	15,0
26	5,25	17,8
27	5,09	16,0
28	5,99	19,0
Sa. I	129,75	432,9

Ausgeschaltet:

№	p	δ
9	3,19	15,5
10	2,55	11,0
20	1,30	7,5
Sa. II	7,04	34,0
Sa. I	129,75	432,9
Sa. II	7,04	34,0
Differenz	122,71	398,9

bei $28 - 3 = 25$ Versuchen.

Für Diagramm № 24,

welches den Werten p_c und δ_c am nächsten kommt, ist

$$p'_c = 4{,}91\,{}^{k}; \quad \delta'_c = 16{,}0\,{}^{mm} = 2{,}28\,{}^{0}\!/_{0}; \quad R'_c = 4{,}91 \times 1{,}410 = 6{,}923\,{}^{km}$$

Ferner ist nach demselben Diagramm die mittlere Belastung $p'_{mc} = 1{,}58\,{}^{k}$; also

$$\eta = \frac{p'_{mc}}{p'_c} = \frac{1{,}58}{4{,}91} = 0{,}322; \quad \text{mithin } A = 0{,}322\,\frac{6{,}923 \times 2{,}28}{100} = 0{,}05083\,{}^{mk}$$

Diagramm-Tafel Nr. XV

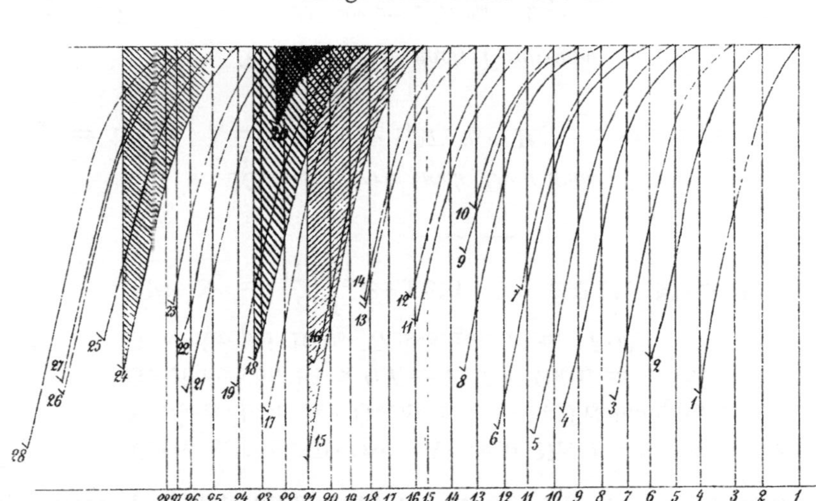

Versuch Nr. 24.

Garn $N^{lea} = 1,8$; $N^{lbs} = 27$. Schuss (cops)^c. Untersucht bei 17° C. und 42°/₀ rel, Luftfeuchtigkeit.

№ der Diagramme	p Reissbelastung in k/g	δ Bruchdehnung in mm
1	4,60	15,4
2	3,69	14,9
3	2,40	10,0
4	4,55	11,2
5	3,49	9,5
6	6,69	15,4
7	4,90	13,2
8	2,56	8,3
9	3,90	10,0
10	3,32	8,9
11	4,00	8,9
12	4,22	9,0
13	4,78	11,0
14	7,40	18,0
15	5,50	15,0
16	4,75	13,0
17	5,49	15,0
18	5,00	15,0
19	6,41	16,0
20	2,65	8,5
21	1,80	8,9
22	6,06	14,5
23	4,90	13,9

Versuchslänge 700 mm Apparat Nr. 1.   Feder Nr. 2.

Wassergehalt der Garne 8% vom Trockengewicht.

Gewicht von 31 × 0,7 = 21,7 m Garn = 16,722 g

Gewicht bei 10% Wassergehalt = 17,031 g

Also $N^{mt} = \dfrac{21,7}{17,031} = 1,274$; $N^{lea} = 2,11$; $N^{lbs} = 22,75$.

Kleinste Werte nach Diagramm № 21.

$$p_k = 1,80\ ^k; \quad \delta_k = 8,9\ mm = 1,271\ \%; \quad R_k = 1,80 \times 1,274 = 2,293\ ^{km}$$

Grösste Werte nach Diagramm № 14.

$$p_g = 7,40\ ^k; \quad \delta_g = 18,0\ mm = 2,57\ \%; \quad R_g = 7,4 \times 1,274 = 9,427\ ^{km}$$

Durchschnitt aus sämmtlichen Werten.

$$p_s = \frac{148,71}{31} = 4,79\ ^k; \quad \delta_s = \frac{406,3}{31} = 13,10\ mm = 1,87\ \%; \quad R_s = 4,79 \times 1,274 = 6,102\ ^{km}$$

Diesen Werten steht am nächsten etwa Diagramm Nr. 16.

Durchschnitt nach Ausschaltung von Versuch № 3, 8, 10, 20 und 21.

$$p_c = \frac{135,98}{26} = 5,25\ ^k; \quad \delta_c = \frac{361,7}{26} = 13,9\ mm = 1,985\ \%; \quad R_c = 5,25 \times 1,274 = 6,689\ ^{km}$$

№	p	δ
24	5,51	13,1
25	5,00	13,8
26	5,00	13,0
27	5,40	14,0
28	6,32	13,5
29	6,01	18,0
30	6,80	17,0
31	5,61	20,4
Sa. I	148,71	406,3

Ausgeschaltet:

№	p	δ
3	2,40	10,0
8	2,56	8,3
10	3,32	8,9
20	2,65	8,5
21	1,80	8,9
Sa. II	12,73	44,6
Sa. I	148,71	406,3
Sa. II	12,73	44,6
Differenz	135,98	361,7

bei 31 — 5 = 26 Versuchen.

Für Diagramm № 27,

welches den Werten p_c und δ_c am nächsten kommt, ist

$$p'_c = 5,40 \, k; \quad \delta'_c = 14,0 \, mm = 2,00 \, \% ; \quad R'_c = 5,4 \times 1,274 = 6,880 \, km$$

Ferner ist nach demselben Diagramm die mittlere Belastung $p'_{mc} = 2,17 \, k$; also

$$\eta = \frac{p'_{mc}}{p'_c} = \frac{2,17}{5,40} = 0,402; \quad \text{mithin } A = 0,402 \, \frac{6,88 \times 2}{100} = 0,05531 \, mk$$

Diagramm-Tafel Nr. XVI

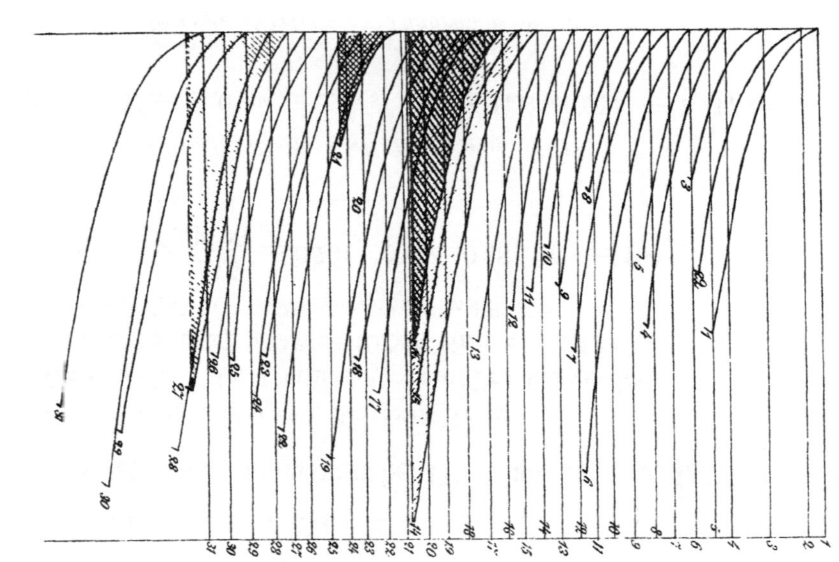

8

Versuch Nr. 25.

Garn $N^{lea} = 2$; $N^{lbs} = 24$. Zwirn C 4fach, 8 Jahre alt. Untersucht bei 17° C. und 26% rel. Luftfeuchtigkeit.

№ der Diagramme	p Reissbelastung in *klg*	δ Bruchdehnung in *mm*
1	33,0	10,0
2	30,0	13,0
3	32,0	11,5
4	25,0	11,0
5	33,0	12,0
6	30,5	13,0
7	38,0	13,5
8	37,0	12,5
9	37,5	15,5
10	39,5	15,0
11	32,0	12,0
12	29,2	12,5
13	28,0	10,5
14	28,5	12,0
15	29,8	14,0
16	26,0	12,5

Versuchslänge 500 *mm* Apparat Nr. 2.

Wassergehalt der Garne 5% vom Trockengewicht.

Gewicht von $21 \times 0,5 = 10,5$ *m* Garn $= 34,42$ *g*

Gewicht béi 10% Wassergehalt $= 36,06$ *g*

Also $N^{mt} = \dfrac{10,5}{36,06} = 0,291$; $N^{lea} = 0,48$; $N^{lbs} = 100$.

Kleinste Werte nach Diagramm № 18.

$p_k = 24,8\,^k$; $\delta_k = 11,0\,^{mm} = 2,2\%$; $R_k = 24,8 \times 0,291 = 7,217\,^{km}$

Grösste Werte nach Diagramm № 10.

$p_g = 39,5\,^k$; $\delta_g = 15,0\,^{mm} = 3\%$; $R_g = 39,5 \times 0,291 = 11,494\,^{km}$

Durchschnitt aus sämmtlichen Werten.

$p_s = \dfrac{668,0}{21} = 31,81\,^k$; $\delta_s = \dfrac{260,3}{21} = 12,4\,^{mm} = 2,48\%$; $R_s = 31,81 \times 0,291 = 9,257\,^{km}$

Diesen Werten steht am nächsten etwa Diagramm Nr. 11.

Durchschnitt nach Ausschaltung von Versuch № 4,16 und 18.

$p_c = \dfrac{592,2}{18} = 32,9\,^k$; $\delta_c = \dfrac{225,8}{18} = 12,54\,^{mm} = 2,51\%$; $R_c = 32,9 \times 0,291 = 9,574\,^{km}$

Für Diagramm № 5,

welches den Werten p_c und δ_c am nächsten kommt, ist

$$p'_c = 33{,}0\ ^k;\quad \delta'_c = 12{,}0\ ^{mm} = 2{,}4\ ^0/_0;\quad R'_c = 33{,}0 \times 0{,}291 = 9{,}603\ ^{km}$$

Ferner ist nach demselben Diagramm die mittlere Belastung $p'_{mc} = 14{,}6\ ^k;$ also

$$\eta = \frac{p'_{mc}}{p'_c} = \frac{14{,}6}{33} = 0{,}442;\quad \text{mithin } A = 0{,}442\,\frac{9{,}603 \times 2{,}4}{100} = 0{,}10187\ ^{km}$$

Diagramm-Tafel Nr. XVII

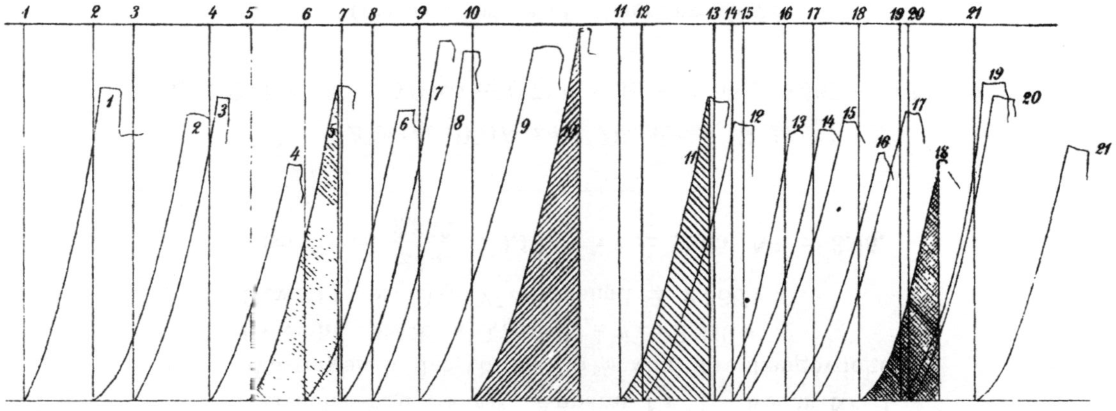

17	30,8	12,8
18	24,8	11,0
19	34,8	11,5
20	32,2	11,5
21	36,4	13,0
Sa. I	668,0	260,3

Ausgeschaltet:

№	p	δ
4	25,0	11,0
16	26,0	12,5
18	24,8	11,0
Sa. II	75,8	34,5

Sa. I	668,0	260,3
Sa. II	75,8	34,5

Differenz 592,2 | 225,8

bei 21 — 3 = 18 Versuchen.

Versuch Nr. 26.

Garn gehecheltes $N^{lea} = 14$; $N^{lbs} = 3,43$. Kette roh^{ss}. Untersucht bei 17° C. und 40°/₀ rel. Luftfeuchtigkeit.

№ der Dia-gramme	p Reiss-be-lastung in *klg*	δ Bruch-deh-nung in *mm*
1	0,87	8,5
2	1,17	9,0
3	0,96	7,0
4	1,05	9,0
5	1,32	11,8
6	1,33	11,8
7	0,72	7,0
8	1,07	9,0
9	0,96	9,2
10	0,78	8,6
11	0,66	6,2
12	1,42	11,5
13	0,55	5,0
14	0,97	7,8
15	0,58	6,8
16	1,45	11,0
17	1,45	9,8
18	1,18	10,5
19	1,00	9,3
20	0,93	8,2
21	0,86	8,8
22	0,90	7,7
23	1,18	9,0

Versuchslänge 700 *mm*   Apparat Nr. 1.   Feder Nr. 1.

Wassergehalt der Garne 7,5°/₀ vom Trockengewicht.

Gewicht von $32 \times 0,7 = 22,4\ m = 2,313\ g$

Gewicht bei 10°/₀ Wassergehalt $= 2,366\ g$

Also $N^{mt} = \dfrac{22,4}{2,366} = 9,467$; $N^{lea} = 15,65$; $N^{lbs} = 3,06$.

Kleinste Werte nach Diagramm № 13.

$p_k = 0,55\ k$; $\delta_k = 5,0\ mm = 0,71\ \%$; $R_k = 0,55 \times 9,467 = 5,207\ km$

Grösste Werte nach Diagramm № 28.

$p_g = 1,55\ k$; $\delta_g = 12,8\ mm = 1,83\ \%$; $R_g = 1,55 \times 9,467 = 14,674\ km$

Durchschnitt aus sämmtlichen Werten.

$p_s = \dfrac{345,6}{32} = 1,08\ k$; $\delta_s = \dfrac{300,8}{32} = 9,4\ mm = 1,34\ \%$; $R_s = 1,08 \times 9,467 = 10,224\ km$

Diesen Werten steht am nächsten etwa Diagramm Nr. 8.

Durchschnitt nach Ausschaltung von Versuch № 7, 11, 13 und 15.

$p_c = \dfrac{32,05}{28} = 1,244\ k$; $\delta_c = \dfrac{275,8}{28} = 9,85\ mm = 1,41\ \%$; $R_c = 1,244 \times 9,467 = 11,777\ m$

№	p	δ
24	1,10	10,7
25	1,03	10,2
26	0,76	8,0
27	1,28	11,0
28	1,55	12,8
29	1,43	12,0
30	1,10	10,0
31	1,48	11,0
32	1,47	12,6
Sa. I	34,56	300,8

Ausgeschaltet:

№	p	δ
7	0,72	7,0
11	0,66	6,2
13	0,55	5,0
15	0,58	6,8
Sa. II	2,51	25,0
Sa. I	34,56	300,8
Sa. II	2,51	25,0
Differenz	32,05	275,8

bei 32 — 4 = 28 Ver-suchen.

Für Diagramm № 18,

welches den Werten p_c und δ_c am nächsten kommt, ist

$$p'_c = 1{,}18\,^k;\quad \delta'_c = 10{,}5\,^{mm} = 1{,}5\,\%;\quad R'_c = 1{,}18 \times 9{,}467 = 11{,}171\,^{km}$$

Ferner ist nach demselben Diagramm die mittlere Belastung $p'_{mc} = 0{,}506\,^k$; also

$$\eta = \frac{p'_{mc}}{p'_c} = \frac{0{,}506}{1{,}18} = 0{,}429;\quad \text{mithin } A = 0{,}429\,\frac{11{,}171 \times 1{,}5}{100} = 0{,}07188\,^{mk}$$

Diagramm-Tafel Nr. XVIII

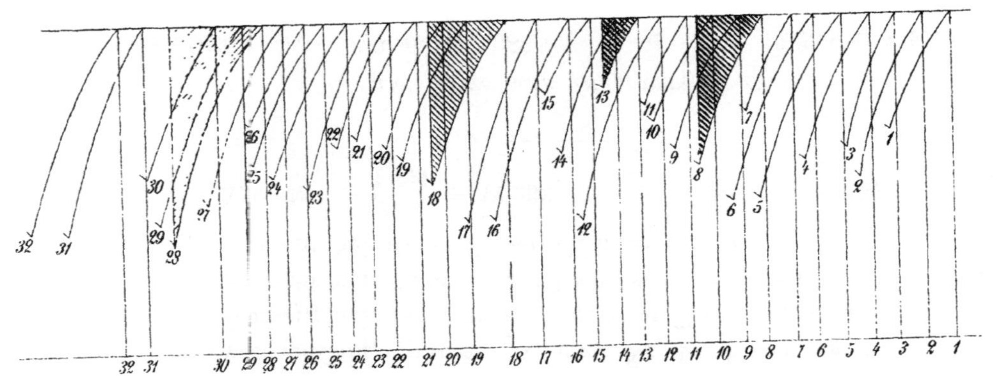

Versuch Nr. 27.

Garn geheeheltes $N^{lea} = 20$; $N^{lbs} = 2,4$. Kette roh^{ss}. Untersucht bei 17° C. und 40% rel. Luftfeuchtigkeit.

№ der Dia- gramme	p Reiss- be- lastung in *klg*	δ Bruch- deh- nung in *mm*
1	0,92	9,5
2	0,73	7,0
3	0,54	6,2
4	0,61	8,0
5	1,07	11,1
6	0,62	7,7
7	1,00	10,0
8	0,92	10,0
9	0,82	9,5
10	0,65	8,7
11	1,05	10,0
12	0,68	8,3
13	0,37	5,2
14	0,70	8,9
15	0,70	9,0
16	0,45	7,0
17	0,69	10,0
18	0,65	9,2
19	0,64	8,4
20	0,83	9,0
21	0,49	7,0
22	0,35	4,8
23	0,40	6,3

Versuchslänge 700 *mm* Apparat Nr. 1. Feder Nr. 1.

Wassergehalt der Garne 7,5% vom Trockengewicht.

Gewicht von $32 \times 0,7 = 22,4$ *m* Garn $= 1,7895$ *g*

Gewicht bei 10% Wassergehalt $= 1,831$ *g*

Also $N^{mt} = \dfrac{22,4}{1,831} = 12,233$; $N^{lea} = 20,23$; $N^{lbs} = 2,37$.

Kleinste Werte nach Diagramm № 22.

$p_k = 0,35\,k$; $\delta_k = 4,8$ *mm* $= 0,686$ %; $R_k = 0,35 \times 12,233 = 4,282$ *km*

Grösste Werte nach Diagramm № 5.

$p_g = 1,07 \cdot k$; $\delta_g = 11,1$ *mm* $= 1,586$ %; $R_g = 1,07 \times 12,233 = 13,089$ *km*

Durchschnitt aus sämmtlichen Werten.

$p_s = \dfrac{21,04}{32} = 0,657\,k$; $\delta_s = \dfrac{261,4}{32} = 8,14$ *mm* $= 1,16$ %; $R_s = 0,657 \times 12,233 = 8,037$ *km*

Diesen Werten steht am nächsten etwa Diagramm Nr. 10.

Durchschnitt nach Ausschaltung von Versuch № 13, 16, 21, 22, 23, 24, 25 und 31.

$p_c = \dfrac{17,71}{24} = 0,738\,k$; $\delta_c = \dfrac{211,8}{24} = 8,82$ *mm* $= 1,26$ %; $R_c = 0,738 \times 12,233 = 9,028$ *km*

24	0,38	6,9
25	0,47	6,5
26	0,90	11,0
27	0,57	7,3
28	0,67	9,2
29	0,68	9,0
30	0,56	7,7
31	0,42	6,0
32	0,51	7,0
Sa. I	21,04	261,4

Ausgeschaltet:

№	p	δ
13	0,37	5,2
16	0,45	7,0
21	0,49	7,0
22	0,35	4,8
23	0,40	6,3
24	0,38	6,9
25	0,47	6,5
31	0,42	6,0
Sa. II	3,33	49,6
Sa. I	21,04	261,4
Sa. II	3,33	49,6
Differenz	17,71	211,8

bei 32 — 8 = 24 Versuchen.

Für Diagramm № 14,

welches den Werten p_c und δ_c am nächsten kommt, ist

$$p'_c = 0,70\,{}^k; \quad \delta'_c = 8,9\,{}^{mm} = 1,27\,{}^0/_0; \quad R'_c = 0,70 \times 12,233 = 8,563\,{}^{km}$$

Ferner ist nach demselben Diagramm die mittlere Belastung $p'_{mc} = 0,322\,{}^k$; also

$$\eta = \frac{p'_{mc}}{p'_c} = \frac{0,322}{0,70} = 0,460; \text{ mithin } A = 0,46\,\frac{8,563 \times 1,27}{100} = 0,05002\,{}^{mk}$$

Diagramm-Tafel Nr. XIX

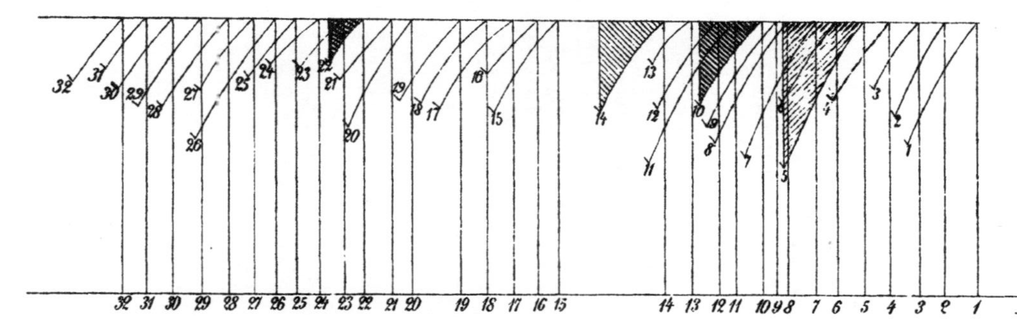

Additional material from *Physikalische Eigenschaften der Jute*
ISBN 978-3-642-50446-4 (978-3-642-50446-4_OSFO1),
is available at http://extras.springer.com

Wir vermeiden nun weiter gehende Betrachtungen der Versuchsresultate und Diagramme, da das vorgelegte Material Jeden befähigt, der sich dafür interessirt, tiefer in den Gegenstand einzudringen, begnügen uns neben der Zusammenstellung der Resultate in **Tabelle (A)** mit einer vergleichenden Zusammenstellung der Hauptresultate in **Tabelle (B)** und heben folgende Momente noch besonders hervor.

Die Dehnbarkeit, welche zum Ausdruck in der Bruchdehnung kommt, ist nicht erheblich, aber keineswegs geringer als bei ähnlichen Spinnstoffen wie Flachs und Hanf und beträgt bei rohen Kettengarnen im Durchschnitt 2 % der ursprünglichen Länge.

Die Reisslänge (Festigkeit) ist bei **rohen** Kettengarnen kleiner, die Bruchdehnung grösser, der Arbeitsmodul aber wieder etwas kleiner als bei **geschlichteten** Kettengarnen. Das Schlichten der Kettengarne muss also als eine sehr zweckmässige, die Verwendbarkeit derselben erhöhende Verrichtung angesehen werden.

Die rohen gehechelten Kettengarne zeigen fast dieselbe Reisslänge wie die rohen kardirten Kettengarne (nur um ca 0,25 Kilometer grössere), dagegen geringere Bruchdehnung, so dass deren Arbeitsmodul erheblich gegenüber demjenigen ersterer zurückbleibt.

Die Garne nehmen mit dem Alter an Festigkeit und Dehnbarkeit ab, die dickeren weniger als die dünneren. Dünnere Kettengarne zeigten nach mehr als 12 Jahren eine um ca 2 Kilometer kleinere Reisslänge und eine um 0,5 % geringere Bruchdehnung. Der Arbeitsmodul betrug nur noch etwas mehr als die Hälfte des Wertes ähnlicher untersuchter frischer Garne.

Ein hoher Wassergehalt der Jute zeigt, (unter der Voraussetzung, dass bei der Nummerbestimmung eine Reduction des Gewichtes auf einen Wassergehalt erfolgt, der dem trockneren Vergleichsgarne entspricht), in Bezug auf die Bruchdehnung kaum eine Veränderung; die Reisslänge ergab sich beim rohen Garne etwas grösser, beim geschlichteten etwas kleiner. Das Mittel aus den vorliegenden Endversuchen zeigt

für das Garn mit	28%	Wassergehalt	10,597	Kilom.	Reisslänge	und		
„ „ „ „	10%	„	10,171		„		„	

Die Differenz von 0,426 Kilom. Reisslänge zu Gunsten des nasseren Garnes ist so geringfügig und wird von den Differenzen weit übertroffen, welche in der Unegalität des Gespinnstes ihre Ursache finden, dass man dieselbe unberücksichtigt lassen und sagen kann:

Der hygroskopische Wassergehalt der Jute ist ohne Einfluss auf Festigkeit und Dehnung, also auch auf den Arbeitsmodul.

Wir schliessen somit unsere Betrachtungen und fassen die Resultate ausser den soeben erwähnten zusammen in Folgendem:

„Der Wassergehalt der Jute steigt proportional der rela-
„tiven Luftfeuchtigkeit bis zu 71% derselben, beträgt als-
„dann 14% vom Trockengewichte und wächst von da ab
„in einem immer grösser werdenden Verhältniss bis zu
„34,25% bei 100% relativer Luftfeuchtigkeit. Bei ca. 51%
„relativer Luftfeuchtigkeit ist der Wassergehalt der Jute
„10%. Wir wiederholen endlich: dass die lose, gehechelte
„Jute ihren Wassergehalt am schnellsten, Garn und Gewebe
„langsamer, oft recht erheblich langsamer ändern. Es dauerte
„bei dichten Jutegeweben z. B. bis 25 Tage, ehe sie den
„Wassergehalt angenommen hatten, welchen die lose Jute
„in wenigen Tagen erreichte. Die Fabrikate haben aber
„das mit der losen Jute gemeinsam, dass bei plötzlichen
„Feuchtigkeitsänderungen der Luft der Wassergehalt in der
„ersten Zeit sehr schnell wächst oder fällt, sich aber erst
„nach längerer Zeit auf den Procentsatz einstellt, den die
„Wassergehaltskurve angiebt. Im Allgemeinen kann ferner
„gesagt werden, dass die Jute und ihre Fabrikate den Feuchtig-
„keitsänderungen der Luft ziemlich rasch folgen, das Wasser
„jedoch etwas schneller abgeben, als aufnehmen. Bis zu
„etwa 20% Wassergehalt fühlt sich die Jute nicht merk-
„lich feucht an.“

„Das spezifische Gewicht der Jutefaser ist 1,436 bezogen
„auf Wasser von 4° Celsius. Die Reisslänge der frischen
„unverdorbenen Jutefaser, gefunden aus 75 Einzelversuchen
„ist, wenn man wegen der kurzen Elementarzellen dieselbe
„bei 10 mm Einspannlänge rechnet 20 Kilometer; für die
„Einspannlänge = 0 ist sie aber 34,5 Kilometer.“

Für die Jute-Garne ergeben sich folgende Durchschnittswerte nach in Summa 848 Einzelversuchen:

Nähere Bezeichnung der Garnsorte:	Reisslänge Kilometer	Bruch-dehnung in Prozenten	Arbeits-modul mtr. kilogr.	Völlig-keitsgrad
Kettengarn kardirt, un-geschlichtet frisch . .	9,76	2,00	0,0790	0,416
Kettengarn kardirt, ge-schlichtet, frisch. . .	11,10	1,80	0,0870	0,436
Kettengarn gehechelt, ungeschlichtet, frisch	9,87	1,40	0,0610	0,444
Schussgarn kardirt, un-geschlichtet, frisch. .	8,43	1,70	0,0620	0,407
Kettengarn nach mehr als 12 Jahren ungeschl.	7,33	1,50	0,0480	0,455

Es dürfte noch nothwendig sein an dieser Stelle darauf hinzuweisen, dass die Festigkeit der Garne noch wesentlich abhängt von dem Zustande, in welchem sich die Maschinen befanden, auf denen sie erzeugt wurden.

Werden z. B. Karden (Krempel) mit stumpfen Nadelbelegen angewendet, so resultirt ein rauheres und weniger festes Garn — aus leicht ersichtlichen Gründen; ebenso sind von nachtheiligem Einfluss stumpfe Nadeln der Streckwerke u. s. w.

Die vorliegenden Resultate beziehen sich auf Garne, die auf durchaus im guten Zustande befindlichen Maschinen erzeugt wurden.

Um vergleichen zu können wie sich Garne aus ähnlichen Spinnstoffen wie z. B. Flachs und Hanf verhalten, müsste ebenfalls Trockengespinnst (wie Jutegarne) zur Beurtheilung herangezogen werden. — Versuche hierüber liegen aber, soviel mir bekannt ist, z. Z. nicht vor.

Immerhin aber dürfte es interessant sein, mit folgenden Faserstoffen und Garnen Vergleiche anzustellen:

Faserstoff.	R Reisslänge Kilometer.	s Spezifisches Gewicht.	k Also Bruchmodul, oder Festigkeit für 1 qmm. Querschnitt in Kilogramm.	Bemerkungen.
Kokosfaser . . .	17,8	—	—	Nach Untersuchungen von Prof. Dr. Hartig Dingl. polyt. Journal 1879 und 1883.
Baumwollenfaser.	23,0	1,49	34,27	
Flachsfaser	24,0	1,50	36,00	
Rohseide	30,8	1,30	40,04	
Manillahanf . . .	31,8	—	—	
Chinagras. . . .	20	—	—	
Poln. Reinhanf .	52	1,5	78	Nach eigenen Untersuchungen.
Jutefaser frisch und unverdorben	20 bezh. 34,5 für die Einspannlängen 10 mm. und 0.	1,436	28,72 bezieh. 49,51 für die Einspannlängen 10 mm. und 0.	

Die Jutefaser kommt also beziehentlich der Festigkeit der Flachsfaser und der Baumwollenfaser nahe, wenn wir für erstere eine Einspannlänge von 10 mm. rechnen, wie dies zur Beurtheilung des Wertes der Garnfestigkeit wohl nöthig sein dürfte. — Nimmt man aber für Jute die Einspannlänge $= 0$, so dass man die wirkliche Festigkeit der Fasersubstanz selbst erhält, so übertrifft diese sogar die der Rohseide und des Manillahanfes. — Ueber die Festigkeit verschiedener Garnsorten möge noch folgende Uebersicht Platz finden:

Garnsorten.	Reisslänge in Kilom. R.	Bruchdehnung δ in Prozenten.	Arbeitsmodul in mk. A	Völligkeitsgrad η	Verhältniss der Reisslänge des Garnes zu der des Faserstoffes in % d. i. spezif. Zerreissfestigkeit.	Bemerkungen.
Chinagras, Handgarn	11,42	0,792	0,0498	—	57,1 %	Nach Prof. Dr. Hartig Dingler wie oben u. Civil-Ingenieur 1884.
Chinagras, anderes Garn	12,08	1,750	0,0934	—	60,4 %	
Flachsgarn, Nassgespinnst Nmt. = 70	12,40	1,590	0,0912	0,463	51,7 %	
Flachsgarn, Nassgespinnst Kette	12,37	1,520	0,0870	0,457	51,5 %	Nach Schmid Civil-Ingenieur 1882, Seite 515.
Flachsgarn, Nassgespinnst Schuss	12,44	1,650	0,1010	0,469	51,8 %	
Jutegarn, frisch, kardirt, ungeschl. Kette	9,76	2,00	0,0790	0,416	48,8 bez. 28,3 %	Nach eigenen Untersuchungen.
Jutegarn, fr., gehech., ungeschl. Kette	9,87	1,40	0,0610	0,444	49,3 bez. 28,6 %	

Das kardirte und gehechelte Jutegarn steht also in Bezug der Festigkeit allen anderen angeführten Garnsorten nach. Die kardirten Jutegarne übertreffen aber alle anderen in Betreff der Bruchdehnung; so dass der Arbeitsmodul derselben sich sogar dem der Flachskettengarne (Nassgespinnst) nähert. Mit anderen Worten: die Jutegarne sind weniger fest als Flachs- oder Chinagrasgarne, aber auch weniger spröde — also dehnbarer als jene. Es stimmt dieses Resultat mit den Erfahrungen der Praxis überein.

Während wir endlich zur Ermittlung der specifischen Zerreiss-
festigkeit der Garne überall die Festigkeit der Fasersubstanz zum
Vergleich herbeizogen und fanden, dass dieselbe für Flachsgarne
zwischen 51 und 52% derselben liegt; ist in den Jutegarnen die
Festigkeit der Fasersubstanz (Einspannlänge = 0) nur bis 28,6% ausgenutzt; es erscheint sonach meine Ansicht, dass wegen der kurzen
Elementarzellen nicht die Festigkeit dieser, sondern eine
niedrigere, die etwa dem interzellularen Klebemittel der
Fasern entsprechen würde zum Vergleich herbei zu ziehen,
gerechtfertigt. Wird aber die Festigkeit der Jutefaser bei 10 mm
Einspannlänge mit 20 km zum Vergleich gewählt, so ist diese in
den Garnen bis zu ca 49% ausgenutzt.

Von einer **Prüfung der Jute-Gewebe** wurde z. Z. aus den ver-
schiedensten Gründen Abstand genommen. Jedenfalls ist auch die
Inanspruchnahme derselben als Verpackungsmaterial und zwar insbesondere in Form eines Sackes, wenn man sich denselben mit irgend
einem körnigen oder pulverigen Materiale gefüllt denkt, eine andere,
als diejenige, denen sie auf dem Zerreissapparate bis jetzt ausgesetzt
zu werden pflegten, da auf diesen schmale Gewebestreifen zerrissen
wurden.

Ich schliesse somit meine Mittheilungen, welche sich auf Versuche stützen, die nach mancher Richtung hin der Ergänzung bedürfen.
Diese auszuführen, möge einer späteren Zeit vorbehalten bleiben.

Additional material from *Physikalische Eigenschaften der Jute*
ISBN 978-3-642-50446-4 (978-3-642-50446-4_OSFO2),
is available at http://extras.springer.com